U0258298

Star Theatre
The Story of the Planetarium

天文馆简史
从星空剧院到现代天文馆

(William Firebrace)

[英] 威廉·法尔布雷斯——著

朱桔——译

中信出版集团 | 北京

图书在版编目（CIP）数据

天文馆简史/（英）威廉·法尔布雷斯著；朱桔译
. --北京：中信出版社，2019.11
　　书名原文：Star Theatre: The Story of the
Planetarium
　　ISBN 978-7-5217-0554-6

　　I. ①天… 　II. ①威… 　②朱… 　III. ①天文馆－普及
读物 　IV. ①P1-28

中国版本图书馆CIP数据核字（2019）第086837号

天文馆简史

著　　者：［英］威廉·法尔布雷斯
译　　者：朱　桔
出版发行：中信出版集团股份有限公司
　　　　　（北京市朝阳区惠新东街甲4号富盛大厦2座　邮编　100029）
承 印 者：北京诚信伟业印刷有限公司

开　　本：880mm×1230mm　1/32　　　印　张：7　　　　　字　数：113千字
版　　次：2019年11月第1版　　　　　　印　次：2019年11月第1次印刷
京权图字：01-2019-1936　　　　　　　　广告经营许可证：京朝工商广字第8087号
书　　号：ISBN 978-7-5217-0554-6
定　　价：49.00元

目　录

前言　　**消失的星球**

　　　　天文馆作为大多数人童年经历的一部分，通常能够追溯到朦
　　　　胧记忆中的一次学校组织的参观，这份记忆在成年后带孩子
　　　　重访时又被唤醒。

第一章　　**天文馆的前身**

　　　　圣图奇浑仪、戈托尔夫天球仪、阿特伍德球、艾萨克·牛顿
　　　　纪念馆……天文馆制造出夜晚星空的幻境，而非白天的太
　　　　阳。但它表现着太阳系中类似的重复场景：每当夕阳西下，
　　　　同样的恒星出现在夜空中，同样的行星沿着它们既定的轨道
　　　　运行；而后星光逐渐消失，太阳再次从东方升起。

第二章　　**来自德国的发明**

　　　　伟大的哑铃形投影仪仍继续投射出光束，它们投影出的行星
　　　　在夜空中穿行，而由精巧的镜片创造出的闪烁的彗星——它
　　　　们常常被认为与某些稍带威胁的事件相关——快速地掠过鲍
　　　　尔斯费尔德发明的绝妙圆顶。

第三章　　**天文馆在东西方的发展**

077　　天文馆的形态各不相同，造就了一系列迷人而多样化的建筑，反映委托建造者的关注点以及建筑所在地的社会和政治背景。所有这些天文馆中，最具挑战性，也在很多方面最有趣的是于 1929 年开馆的社会主义政府领导下的莫斯科天文馆。莫斯科天文馆的理想主义与 20 世纪 30 年代出于各种各样的目的建成的一系列美国天文馆形成了鲜明对比。

第四章　　**世界性的扩张**

115　　天文馆是科学的，也是戏剧性的。天文馆展现空间的本质。它将天空带到地球上，让观看者脱离其往常所处的环境。来自不同时期的众多叙述片段都描绘过天文馆之旅，以及那里的节目对每位观众产生的影响。

第五章　　**现代天文馆的进化**

163　　天文学和宇宙学上的进展是如何影响天文馆的呢？天文馆面对的不再是相对简单的太阳系，它现在必须考虑到不断膨胀的宇宙，其绝大部分超出了我们的可见范围。天文馆可以沿各种道路前进，每一条都指向不同的方向。

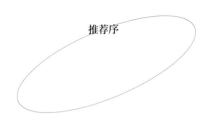

推荐序

天文馆作为一种特殊类型的博物馆，一直以来很少作为主角出现在介绍性的书籍中。而从建筑学的角度探讨天文馆的书籍更不多见。这本书的作者以伦敦天文馆改造过程中一个小小的细节出发，从天文馆建筑风格的缘起和传承这一独特的视角回顾了天文馆在欧美地区的起源和早期发展，其中包含了大量珍贵的历史资料。作为在天文馆领域工作了17年的天文馆人，这本书的绝大多数内容我都是第一次知道。

天文馆的发展与技术进步有着相互促进的关系。同时，天文馆所表现的内容也离不开天文学研究的前沿进展。作者在书中提到了天文学领域一些重要的研究成果，包括最近几年非常重要的引力波的发现。作者对于天文学的发展如何影响天文馆，对于天文馆未来发展的不同道路的讨论，以及智能手机时代对于数字化个人天文馆发展方向的预测，为我们提供了宝贵的来自专业领域之外的思考，对未来天文馆的建设是有益的参考。

这本书的译者朱桔的专业背景是天文学和物理学，第一次翻译专业书籍就遇到这本其实跟天文和物理的专业内容没多少关系的硬核作品，难度可以想象。从中文版最终的文字效果来看，我觉得还是可以感受到作者轻灵的写作风格和深厚的历史和文化积淀。非常感谢中信出版社引进这本天文馆题材的科普作品。

稍微有些遗憾的是，作者在书中对于中国天文馆的情况几乎没有介绍。北京天文馆作为中国第一座天文馆，于1957年9月建成开放。当时的建筑风格应该是参考了美国洛杉矶的格里菲斯天文台的设计，同时又有浓厚的中国传统文化元素和当时的历史文化痕迹。老馆开馆时采用的主力设备是当时民主德国的蔡司2型光学天象仪。20世纪70年代，在国家的大力支持下，北京理工大学等单位全力配合合作，研制出代表了当时国际先进水平的国产机械式光学天象仪。2004年12月，北京天文馆新馆落成开放，新馆的建筑设计理念源自21世纪天文学最受关注的广义相对论、超弦和虫洞的抽象概念，新的球幕剧场在全世界第一次实现了采用激光技术的球幕数字投影系统，比世界上第二家采用激光投影技术的格里菲斯天文台早了将近两年的时间。2008年，北京天文馆老馆设备升级改造，最专业的直径23米的水平式球幕剧场在世界上第一个实现了8K超高分辨率的数字投影系统，同时还配备了代表世界最先进水平的蔡司9型光学天象仪。

中国的天文馆建设仍然处在即将迎来高速发展时期之前的初

级阶段。在这本书中文版问世之际，书中提到的上海天文馆的建设正在稳步推进，广西天文馆、南京天文馆、杭州天文馆的筹建也在紧锣密鼓地进行。期待看到中国未来有越来越多建筑风格独特、设计理念先进的天文馆落成，为满足广大人民群众日益增长的对于天文科普的巨大需求，为推进提升全民科学素质的国家战略做出我们中国天文馆人应有的贡献。

朱进

北京市科学技术研究院科学传播中心首席科学家

北京天文馆名誉馆长

伦敦天文馆装有小星球的圆顶

消失的星球

伦敦天文馆的屋顶上悬着一个装在细杆上的小星球。这颗发白的星球直径约为1米，表面环绕着象征星际尘埃的同色水平圆环。已经关闭了有些年头的天文馆从未解释清楚闭馆的个中缘由，它现在仅作为旁边杜莎夫人蜡像馆的附属3D（三维）影院开放。不过每每夜深，高悬于空的小星球依然无视下方街道的喧闹，兀自散发着柔和的黄色光芒。

我从前工作的办公室的窗口正对着伦敦天文馆。这个小星球的存在仿若太阳系一切安好的证据，令我感到相当放心。因此，当它在2012年夏天的某一刻突然消失不见时，焦虑和不安笼罩了我。包括我们的地球在内的众多行星本应维持各自相对稳定的椭圆轨道绕太阳运转，这才是整个太阳系依旧稳定的标志。

住在贝克街221B的侦探夏洛克·福尔摩斯或许

会对这个星球消失的案件感兴趣。巧合的是，他的强敌，被誉为"犯罪界的拿破仑"的詹姆斯·莫里亚蒂（James Moriarity）教授，在其著作《小行星动力学》（*The Dynamics of an Asteroid*）中研究了一颗本该位于火星和木星轨道之间的消失的行星。侦探故事中的案件往往始于一个简单的线索——一起失踪或其他出人意料的事件，随后走向一团乱麻，很多时候缺乏显而易见的解决方法。随着复杂事端的展开，最初的线索常常变得无关紧要。

小星球的消失不只意味着更严重的缺失，也暗示了特定的问题——这不仅对伦敦天文馆意义重大，更与世界各地的天文馆都息息相关。天文馆作为大多数人童年经历的一部分，通常能够追溯到朦胧记忆中一次学校组织的参观，这份记忆在成年后带自己的孩子重访天文馆时又被唤醒。以下问题始于单纯的好奇，但很快变得复杂起来：天文馆从何而来？它对太阳系和宇宙进行了怎样的模拟？它如何将戏剧和科学结合起来？它怎样随着天文学的发展而变化？其建筑的内外结构之间又有着何种联系？

本书大致依时间顺序划分出5个部分，对以上问题和其他主题进行探讨，其中包括：天文馆的前身、20世纪20年代天文馆在德国的出现、20世纪30年代天文馆在苏联和美国的发展、20世纪后期太空竞赛阶段天文馆的全球性发展，以及最后，现代天文馆随着我们这个时代天文学和宇宙学不断出现的惊人发现而产生的变化。需要指出的是，天文馆在时间上的发展并非简单遵循着一条直线：它时进时退，忽近忽远，仿若迷途的天体一般。

2012年12月，伦敦天文馆的小星球重新出现在了屋顶上，同它的消失一样突然。建筑工人们从侧面的梯子爬上圆顶，费力地传递着圆球，将它装回了圆顶的杆上。这根设计巧妙的细杆可以被横向放倒，从而大大简化了这一工作。几天后，小星球又亮了起来，重新散发出令人舒心的感觉。据杜莎夫人蜡像馆的所有者说，他们对星球模型"进行了常规的维护"。宇宙的和谐得到了恢复——至少眼下如此。天文学与建筑之间的联系依旧在星空剧院中以出人意料的方式演化着。

第一章

天文馆的前身

"太阳照耀着——"，萨缪尔·贝克特（Samuel Beckett）的小说《莫菲》（*Murphy*，1938）如此开场，"——别无选择，一如既往。"天文馆制造出夜晚星空的幻境，而非白天的太阳。但它表现着太阳系中类似的重复场景：每当夕阳西下，同样的恒星出现在夜空中，同样的行星沿着它们既定的轨道运行；而后星光逐渐消失，太阳再次从东方升起。这一番景象在每场节目中上演——传

蔡司行星投影，德国耶拿，20 世纪 20 年代

统天文馆是可靠又伴随着惊喜的夜空剧场。

天文馆里的演出有别于枯燥的课堂或演讲，是一个娱乐性的场合。剧场内，投影在圆顶上的光线不断移动，进行着一场由机械操纵的演出，场外则售卖着爆米花和冰激凌。在这里，情感和理智同样重要。演出面向所有人，不过主要的参与者是在此同时收获着知识和喜悦的孩子们。大多数人都能记起一次童年的天文馆之行：不同寻常的环境、紧张期待的心情、渐渐变暗的房间、缓缓升起的群星、移动的光线以及讲解者的声音。很多孩子只去过一次天文馆，但在那里，夜空的第一次出现可以成为一个决定性的时刻——一个印在记忆深处，后来又会突然浮现的瞬间。

如今大多数城市里都有这种建筑物，它们通常带有圆顶，并在其内部投影出太阳系以进行兼具科学教育意义和娱乐性的

彼得·哈里逊天文馆，英国格林尼治

演出。天文馆的投影仪和球幕是20世纪20年代早期由著名的光学仪器生产商卡尔蔡司公司的工程师瓦尔特·鲍尔斯费尔德（Walther Bauersfeld）在德国耶拿发明的。在天文馆中，一组复杂的投影设备将移动的光线投影在巨大的半球形银幕上，以代表诸多恒星和行星。大多数生活在现代化城市里的观众对夜空的本来面貌并不了解。他们围坐在投影仪四周，凝视着上方人工夜空中的动静。尽管距离其发明已经过去了近一个世纪，现代天文馆的运转方式仍然与最初的设计十分相似。与此同时，随着投影系统的技术提升和天文学研究的进展，天文馆也经历了显著的变化，展示着一个与百年前的版本大相径庭的宇宙。

20世纪20年代的天文馆最初被称作星空剧院。这里进行着由解说员导演并评论的现场表演——它无疑是一种相当独特的剧院。戏剧分为各种不同的形式：传统戏剧、现实主义戏剧、荒诞剧、超现实主义戏剧、表现主义戏剧、音乐剧、厨槽现实主义戏剧、英雄剧、悲剧等等。英国先锋戏剧导演彼得·布鲁克（Peter Brook）在《空的空间》（*The Empty Space*，1968）一书中定义了4种戏剧类型：传统却往往沉闷，从而应被避免的僵化戏剧；"使不可见变得可见"的神圣戏剧；淳朴而受欢迎的粗俗戏剧；以及直接、尽可能缩短观众与表演者之间距离的直觉戏剧。这些戏剧类型并非泾渭分明，它们可以糅合在同一场表演中，从而达到神圣、粗俗又直接的效果。对布鲁克而言，这些分类形成了一个探索剧目不同呈现手法及表演形式的框架。那么，星空剧院内上演着何种类型的戏剧呢？它似乎是现实主义或自然主义的，因为它是对夜空视觉上的模拟。它偶尔也是僵化而缺乏惊喜的，因为人们一再听闻宇宙之浩渺，早已不再惊讶。但我们将在这本书中看到，星空剧院里的演出同样源自神圣、粗俗和直觉的戏剧，以及其他各种类型。

天文馆早期的观众十分入迷，有时他们甚至想象圆顶不知何故敞开，自己在看着真正的天空。如今，保留一些这种天真的元素仍是演出的迷人之处。瓦尔特·鲍尔斯费尔德创造的星空剧院巧妙地将两个不同的任务融合在一起，令观众难以分辨：首先，它模拟出在晴朗夜晚能看到的天空——实质上是对自然的人为模仿；其次，它阐释了有关行星如何围绕太阳运动、太阳系如何与众多恒星乃至更广阔的宇宙相联系的理论。星空剧院同时呈现着我们眼中夜空的景致以及太阳系、恒星和宇宙如何运转的模型。

这两者不见得完全一致——我们所看到的并不等同于实际上发生的。我们望着真实的夜空，很可能对其中正发生着什么产生各式各样的想法，正如历史上众多关于太阳系结构的观点所展现的那样。一个站在地球表面上的人可以很自然地认为自己处于运动的中心，而不是在区区一颗行星上围绕众多恒星之一运动。此外，并非只有一个"上"的方向：一个人所看到的星空会随着他在地球上位置的不同而改变，因此身处南半球和北半球的观察者将看到完全不同的星空。不再将地球视为太阳系和宇宙的中心这一转变的背后，是一个更大的进步——我们逐渐意识到，人类不过是生活在一颗围绕数不清的恒星之一运转的行星上的众多物种之一。

时至今日，相较于20世纪20年代对天文学的有限认识，我们对宇宙尺度的了解早已深刻得多：太阳是银河系内的一颗恒星，银河系又是宇宙中数不清的星系中的一员；这些星系正在宇宙的迅速膨胀中远离彼此，而宇宙的尺度无法定义，或许是无限大。这种向空间最深处的膨胀超越了我们在夜空中所见的行星和恒星的尺度，在不使用极高分辨率望远镜的情况下，远超任何人在地球表面目力所及的范围。早期天文馆所投影的传统夜空景观成了我们认知中更大的宇宙内微小的一部分。正如安托万·德·圣埃克苏佩里所著的《小王子》中的狐狸所言："重要的事物用眼睛是看不到的，只有用心才能看清。"

贝克特的"一如既往"这种小说式的厌世假设与其自身忧郁的世界观相契合，却不适用于基于天文学得出的结论。太阳总照耀着新的事物，也总有关于它在何种条件下闪耀的新理论。天文馆只提供一系列有关地球与太阳系及周围宇宙关系的学说中最令人信服的一个。过去单就天空中的景象意味着什么就曾涌现过许多理论，每种都与宗教概念、观测能力、数学知识以及文化倾向相关。这其中的许多观点所包含的想象都多过观察。在一个近乎神话般荒谬的例子中，地球被假想成一块由层层堆叠的乌龟所支撑的平板。据说一个女人曾在伯特兰·罗素（Bertrand Russell）的课堂上提起这个令后者困惑不已的古老理论。按照这个女人的说法，这些乌龟"向下延绵不绝"。至于这些乌龟究竟向下延伸至何处这一问题则十分令人尴尬，在最后一只看得见的乌龟之下又是什么呢？也许在某个地方会有一座展现这个奇妙理论的天文馆。

在道格拉斯·亚当斯（Douglas Adams）的现代宇宙学小品《银河系搭车客指南》（*The Hitchhiker's Guide to the Galaxy*，1979）中，宇宙是一个老人和一只猫建造的业余作品。老人制作并销售奢华的行星，而地球则是他的创作之一——在这里，整个宇宙都是商品。不幸的是，地球在建造一条星际公路的过程中被拆除了。在一个任何事物都能被制造和售卖的年代，这是非常合理的设定。

由于可见的夜空缺乏通往其背后真相的明显线索，任何关于它的理论都需要借助某种模型来阐释才能使人信服。这一模型依据不同理论和时代习俗的需求能够以各种形式呈现——一面壁画、一部机器、一个彩绘圆顶、一套投影系统，乃至一段计算机动画。这些模型的演化之路并非一条笔直的大道，它渐进而蜿蜒，掺杂着许多有趣的弯路、死胡同、捷径和尚未被探索过的岔道，这条路最终导向了现代天文馆及其对太阳系表现方式的诞生。弯路和死胡同也很重要，它们有可能在晚些时候影响到这些模型演变的主干道，何况它们往往也比后者更加有趣。一些起初看似行不通的路也能出乎意料地揭示前进的道路。毫无疑问，当代的种种模型在未来的某个时候同样会过时。

具体是哪些早期的星空剧院导致了真正的天文馆出现？在此我们只能以有限的篇幅探讨众多存在过的星空剧院中的一小部分。我们将侧重于那些与天文馆作为演出剧场的规模相关的例子，而非只关注天文仪器和设备。我们的讨论可以从彼得·布鲁克的神圣、粗俗、直觉的分类开始，进而发现皇家、机械、球形的类型也会一同出现。

神圣剧院（一）

过去的太阳系理论也许现在看来幼稚，但在它们最初形成时一定是呼应时代背景的。这些理论的痕迹仍出人意料地保留在我们现在的思维方式中。古埃及人认为天空是位于平坦大地之上的水平天花板。他们相信女神努特每晚吞下太阳，又于次日清晨再次诞下它。而太阳神拉每日穿过整个天空，从西方落入地府，在

埃及女神努特，她的身体是围绕着地球的星空

那里见到冥王奥西里斯并与巨蛇阿佩普搏斗,又在清晨准时赶回天上。太阳在东方的再次出现与人类灵魂的重生联系在一起,这是脱胎于精神信仰的天文学。古埃及人从未将天空视作一个圆顶,因为他们的世界扎根于尼罗河长长的河谷和两岸的沙漠地带。他们对星星的印象是和重生的概念紧密相连的,而与事实上三维的真实夜空关系不大。他们在墙壁和石棺上创作出精美的二维画作以表现努特缀满星辰、弯曲着盖住地球的身体,以及许多向上方凝望的较小的人形。这位女神就是天文馆的最早形态。仿若贝克特笔下例行公事的太阳的一个早期版本,这一同样重复的神圣惯例确保了星星每晚出现在夜空,并让太阳在清晨归来。这当中隐含着必须进行某种仪式以确保太阳回归的观念。人们相信如果太阳神没能按时到来,他们所熟悉的世界的日常生活将会停滞。

皇家剧院

但是,如果观众不是在观看二维的天空影像,而是身处具有三维的天空景象的三维空间中,正如在天文馆中那样呢?令人惊讶的是,这个想法由来已久。公元7世纪,波斯萨桑王霍斯劳二世(Khosrow Ⅱ)统治着如今伊朗南部地区,希望证明他不仅统治着陆地,也统治着天空。他建造的宫殿中有一个带圆顶的正殿,圆顶的内里装饰着月亮、恒星、行星以及黄道十二星座(这些天文

学符号同时形成了天球经度分区）的形象。历史学家马修·卡内帕
（Matthew Canepa）在《地球的双眼》（*The Two Eyes of the Earth*，
2009）中写道：

> 诸王之王的位置之上，王座华盖的圆顶内是青金石做成
> 的天空，其上装点着以贵金属和宝石制成黄道十二星座、行
> 星、七个"*kišwarān*"（天空的分区）、太阳和月亮。圆顶华盖
> 的旋转与天空的转动方式相同，因此从其运动中可以得知时
> 间。同时，华盖的转制造出天地围绕国王运转的错觉……除
> 了模仿天空的转动，王座的细节以及国王所处的位置根据四
> 季流转而变化……四张缀满珠宝的地毯铺设在王座下部的表
> 面上，每张代表一个季节。

霍斯劳二世的圆顶是一个早期的星空剧院，用颇费心思的统
治之道展示他是比任何对手都更强大的王。只要机械继续运转，
这个剧院就正常运作；如果机器出了故障，人造天空就会停下。
这个圆顶虽然并非基于科学，但已显现出现代天文馆的基本原
理——在其内部，太阳系的景象围绕着观看者旋转，尽管现在中
央的投影仪取代了国王。

霍斯劳二世的圆顶属于一个遥远的时代，而现代也有类似的
例子，试图通过人造天空的圆顶来施加控制。需要不断维护人造
的天空幻景从而使日常生活进行下去的这种理念，就在电影《楚
门的世界》（*The Truman Show*，1998）中得到了体现。故事里，

金·凯瑞（Jim Carrey）扮演的保险经纪人一直生活在一个为拍摄电视连续剧所精心构筑的模拟世界中。巨大的圆顶内，由电视制作公司管理的、具备独立天气系统的人造天空笼罩着他居住的小城。"让太阳升起来。"圆顶之外，隐藏在控制室中的节目导演要求道。然后太阳就出来了。最终，人造天空发生了故障，太阳与月亮同时出现在空中。幻境崩塌，主角获得了自由。在霍斯劳王的例子里，国王操控天空以彰显自身的权威；在这部电影中，影视帝国则是为了制作日常电视节目而主宰着天空的运动。舞台艺术变得更加复杂，但国王与电视制作公司二者的宗旨是相似的——控制了天空，就控制了人们的生活。

球形剧院（一）

在中世纪的欧洲，天空被想象成由有限个球面所组成的、类似洋葱皮的结构。位于中心的地球周围依序环绕着可见的行星，向外延伸直至最外层的恒星和宗动天①——令一切运转的存在。当时的人们认为球体的形状是完美的，由上帝创造的宇宙也应当如此。这种观念残存于如今天文馆的半球形银幕上，是消逝的理想典范的遗迹。展示了一层层圆周运动的复杂绘画和后来名为浑仪的实体模型都阐释着这一类太阳系理论。

---

① 宗动天是西方古代天文学中的概念，指在各种天体所居的各层天球之外，还有一层无天体的天球（prime mover），它是由不动的神来推动的。——编者注

人们制造出尺寸巨大、几乎可以让人住进去的球体来演示行星运动，例如数学家、制图师和仪器制造者安东尼奥·圣图奇·德勒·波马兰切（Antonio Santucci delle Pomarance）在1588—1593年间为斐迪南一世·德·美第奇（Ferdinando I de'Medici）制作的巨大浑仪。如今在佛罗伦萨的伽利略博物馆可以一睹其奇妙而复杂的结构。圣图奇浑仪高超过三米，其精巧非凡的结构由镀着金箔的金属圆环交错而成。相比之下，参观者和房间里其他所有球体都显得矮小起来，它是一部真正的宇宙仪器。浑仪展示了托勒密体系：地球位于中心，周围有7个球面，分别代表着太阳、月亮和环绕的行星（水星、金星、火星、木星和土星），再向外的一层代表着固定的恒星，还有代表着黄道十二星座的第9个球面以及第10个代表着驱动这整个复杂的天体系统的宗动天的球面。圣图奇浑仪所依据的模型建立在太阳围绕地球运动的错误前提之下，但其建造技巧是如此惊人，细节如此完美，以至于观看者可能轻易相信它是对太阳系运行机制的合理解释。最精美的模型不一定要建立在最正确的理论上。观看者或许会对这些圆环在空间中交织而成的形态入迷，进而被中央小的、代表着其所处的实际位置的木质地球所吸引。这类天文机

圣图奇浑仪，带有太阳、月球、5颗行星、固定的恒星、黄道十二宫和宗动天，1593年

械开始与可居住空间融合：它们的尺寸意味着能够令人身居其中，而它们与人体的关系也发生了变化。

人们可能会好奇在宗动天之外是什么，是谁或是什么驱动着它？神学家们在这个问题上花费了大量时间，却没有得到什么有用的结论。让一切运转起来的宗动天——他或它——那朦胧的身影，将以神圣或稍显平凡的形态在天文馆的演进的故事中反复出现。此外，威廉·巴特勒·叶芝在诗作《内战期间的沉思》（Meditations in Time of Civil War，1922）中将行星和夜间生物完美的运动相联系，赋予宗动天非凡的循环之力："正是塑造出我们的宗动天，令这些圈中的猫头鹰行动。"①

在中世纪，只有极少数哲学家考虑过宇宙或许不是球形的，也不存在明确的边界，其中一个例子是库萨的尼古拉（Nicholas of Cusa），其著作《论有学识的无知》（On Learned Ignorance，1440）的书名也十分异想天开。对一个没有边界的宇宙建立实体模型很难，但如今的天文馆又一次面临着这个问题。我们再次思索要如何诠释一个既没有明确中心又没有边际的宇宙，当中还有诸如黑洞等难以用实物表现的存在。

当约翰内斯·开普勒与艾萨克·牛顿的基于观测的数学模型取代了中世纪天文学中简单嵌套着的球体，行星开始有了实在的质量，其运动的轨道也遵循着引力定律。然而，天文学模型依然充满了轻快的想象，抗拒接纳科学研究的结果。开普勒构造了一

---

① 原文为 "The Primum Mobile that fashioned us/ Has made the very owls in circles-moue"。——编者注

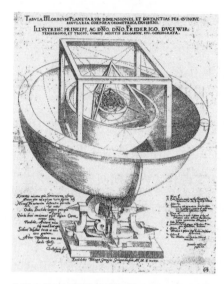

约翰内斯·开普勒的酒杯模型，其中行星所在的球面嵌在正多面体内

个复杂精细的太阳系"酒杯"模型，由6颗可见行星（水星、金星、地球、火星、木星和土星）的轨道，以及5个正多面体（正四面体、立方体、正八面体、正十二面体和正二十面体）交替嵌套而成，酒杯中的每颗行星能够倒出一种不同的酒。实际上，开普勒后来计算出行星的轨道并非完美的圆周，而是椭圆形的，因此这一奇妙的体系并未取得成功。虽然模型中交错嵌套的行星和多面体在科学上走进了死胡同，但剔除掉开普勒的神秘主义倾向，几何体中的球形后来又以网格结构的圆顶这一形式出现在了早期天文馆的建造中。这个从投射光线中诞生的宇宙依然与开普勒联系在一起。他在《哥白尼天文学概要》（*Epitome of Copernican Astronomy*，1617—1621）中写道：

> 世间之完美，在于光、热、运动以及运动之和谐……光芒中的太阳十分美丽，就像是光的源头或极为明亮的火炬，太阳仿若世界之眼般照耀着、涂绘着并爱抚着世间万物……固定的群星所在的天球扮演着光之河流淌而过的河床，如同一堵被照亮的、不透光的墙，反射辉映着太阳的光芒。

　　太阳成了一只奇异的光芒之眼，一个闪耀着的宗动天。20世纪20年代天文馆在本质上脱胎于太阳系的根基是光线系统的理念，只是投影仪代替了太阳成为光源。

机械剧院（一）

　　对行星的运动进行观测和计算需要用到一种被称作太阳系仪的复杂微型机械。它们能够展示行星的运动。太阳系仪的设计通常涉及精密的发条装置，对应着将宇宙看作一个巨大发条机器的天文学观念的出现。这种观念认为，在久远的过去被上好发条的宇宙会继续表演它机械的芭蕾舞，直到时间的尽头。

史维基在法国斯特拉斯堡制作的天文钟和天球仪，1838—1943 年

不过，对一个野心勃勃的天空模型而言，仅仅包含由发条驱动的、在小棍上来回移动的恒星和行星还远远不够。这样的模型需要更为壮观的演出阵容——神、动物、骇人的景象、声音，以及解释时间如何运作的各种不同理论。我们需要更好的钟表匠，比如让-巴蒂斯特·史维基（Jean-Baptiste Schwilgué）。

史维基出生于法国东部的斯特拉斯堡，但他的家族因政治原因被驱逐出城。在流亡中，史维基回想起了斯特拉斯堡大教堂中损坏已久的天文钟。"受将自己故乡的这一杰作复原的想法所启发，"其学徒艾尔弗雷德·昂格雷尔（Alfred Ungerer）在描述这位钟表匠的小册子中写道：

> 史维基对精细的机械着了迷。他无师自通，一个人掌握了钟表制作的手艺以及它背后复杂的机制，并制作出了极其精确的天文摆钟和计秒器……他是一位真正的自学者，通过得到的书籍拓展自己的天文学、数学、物理学和力学知识。

史维基属于反复出现在天文馆的故事中的一类人——自学成才的痴迷者，凭借自身的创造力制作出以全新方式表现太阳系运动的装置。在史维基的例子中，他的创作还结合了源于各种宗教的神话。史维基回到斯特拉斯堡，重建了城中古老的天文钟，但他利用额外的表盘和形象创作出了能够演绎时间性质的戏剧化天文机械。这座7米高的巨钟结合了表现各个行星和卫星位置的表盘和模型、坐在以自动装置驱动的战车上的掌管行星的众神、宗

教人物的队列、耶稣和诸位使徒，以及其他表现着人间的时间的
形象——一个孩子、一个成人和一位老人，还有一只实物大小的、
正在打鸣的公鸡。这有一点基督教仪式的感觉：新老神明必须出
现，表盘要能够记录时间——不仅要表现出太阳系中正在上演的
一幕，更要维持其运转。

天文钟的各个零件装在一个大盒子里，盒子大得本身几乎就
像一栋建筑。在史维基的这座钟内，时间能够以多种不同的速度
运行，分别源自文化中科学的、日常的乃至精神的方面，暗示着
各种类型的时间的存在，仿佛预知到了我们这个时代各式各样有
关时间的理论，例如斯蒂芬·霍金的著作《时间简史》中提到的
内容。如今，即便我们已经摒弃了古老神明的形象，建立一个连
贯一致的宇宙观依然困难重重。正如圣图奇的浑仪那样，装置运
转的尺度改变着展品与观看者的关系，而后者和周围其他人一样，
都成了这场由机械导演、每日上演数分钟的具有宗教性的天文演
出的观众。难以确定究竟什么才是最重要的元素——科学的表盘
抑或是战车上的神话人物。

机械剧院（二）

斯特拉斯堡的天文钟是面向公众的展示品。为什么不在自家
客厅的天花板上也装一个呢？荷兰人艾泽·艾辛加（Eise Eisinga）
于1774至1781年间在位于荷兰北岸平原上弗拉讷克的自家客厅中

建造了一个绝妙而古怪的太阳系模型。本职工作是梳羊毛工的艾辛加同时也是一位机械迷和天文爱好者。在艾辛加建造他的天文馆时，月球与水星、金星和火星三颗行星被预言将在1774年5月8日发生一次不同寻常的合①。据当地的牧师埃尔科·阿尔塔（Eelco Alta）所言，上一次发生这样的合是在创世之时，它预示着即将到来的世界末日，行星将撞在一起，使地球离开其原本的轨道，与太阳的路径相交。这类预言反复出现在天文学的历史中，譬如苏联人伊曼纽尔·韦利科夫斯基（Immanuel Velikovsky）在20世纪50年代预测的宇宙大灾难，以及现在大众媒体上那些关于地球将被巨大的

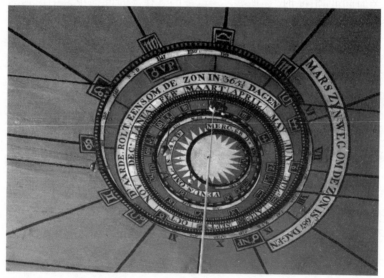

荷兰艾辛加天文馆的天花板，约 1780 年

---

① 合（conjunction）指由地球上看到太阳系中天体的黄经相等的现象，通常在地球上观察到天体在天空上的位置非常靠近。——编者注

小行星撞击的轰动报道。

艾辛加天文馆的内部，能看到艾辛加的床

另一方面，宇宙灭绝的威胁也能引出建筑上的发明。艾辛加对这种恐惧采取了不寻常的应对措施，他在自家客厅的天花板上制作了一个表现太阳、月球、地球和其他行星运行轨道的太阳系仪。艾辛加花费了7年才制成这一精巧无比的机械结构，当它开始运转时，距离预测的相撞时间已经过去了几年——什么也没有发生。就在太阳系仪刚刚建成之时，威廉·赫舍尔（William Herschel）爵士发现一直以来被当作恒星的天王星，事实上是一颗行星，但艾辛加的客厅已经装不下它的轨道了。这并不是一个罕见的问题，随着宇宙的知识持续拓展，模型的尺寸往往也需要不断加大。

艾辛加的太阳系仪在很多意义上都非同凡响。它被安置在一个普通家庭的房间里，而非宫殿或科学机构之内。在那个刷成天蓝色的房间中，它几乎成了天花板的装饰。与艾辛加育有三个孩子的妻子彼得（Pietje）明智地坚持，尽管天花板上有太阳系仪，这个房间应当继续作为客厅使用，而显示月球及其他天体周期的刻度盘下面的橱柜也应继续用来存放服饰、陶器和厨房用具。行星在头顶上环绕的同时，艾辛加和他的家人安静地继续着他们的日常家庭生活。客厅的尽头是个小隔间，里面放着床，这使得艾辛加夫妇能够睡在运行的天体之下。这些天体由艾辛加利用木轮、皮带、以弯曲钉子为齿的手工制作齿轮，以及如同落地大摆钟内使用的巨大配重等零件打造的一系列复杂的机械装置所驱动，维持着太阳系的运转。

艾辛加从他自己对羊毛梳理机制的理解中获取了制造这个装置所需的经验，而最后的成果也确实像一台天上的织布机。它正好位于客厅上方，占满了艾辛加家的阁楼，无法从客厅中被看到。这栋房子如今已成为一座博物馆，馆长阿德里·瓦尔曼霍芬（Adrie Warmenhoven）在关于艾辛加的小书中写道：

> 当一切几乎都准备就绪的时候，摆锤被装在了正确的位置，正好在隔间内床的上方。然而摆锤实在是太长了，无法被完整地收入阁楼。若要保留摆锤，就将不得不在地板上开一道缝，使摆锤能够在床上方的空间摆动。艾辛加的妻子对这个主意可不满意——她非常喜欢这张婚床，再说她的丈夫已经改造了整个客厅。

艾辛加本可以将摆锤改短，但这样它就会摆得太快从而使行星以错误的速度运动，于是他不得不重新计算并调整了机械中的许多齿轮结构。家庭事务也控制着行星的轨道。

艾辛加的行星模型按行星真实的速度移动，各个部分一直处在正确的位置上。客厅中这些微型球体——对应着天上巨大的行星，它们的轨道周期以金色的字母写在天花板上：地球，365.25天；水星，224.66天；火星，687天。任何进入客厅的人都能立刻知晓各个行星当前的位置，因而有理由相信并没有世界末日的碰撞即将发生。艾辛加的天文馆以一毫米比一百万千米的比例，将太阳系恢宏的尺度和行星的运动带入了一个寻常的荷兰家庭，将天空的模型置于居住者的日常家庭生活上方。观察者并没有真正身处行星的轨道之内，这种但体验却不同于简单地看着一台太阳系仪或浑仪——这部仪器成了房间的一部分。阁楼中的机械呼应着中世纪时有神圣的宇宙装置驱动着太阳系的观念，但这里，令其他所有部件转动的宗动天由木头齿轮组成，且被局限在阁楼这一房子里几乎被遗忘的隐蔽空间中。

艾辛加在造出太阳系仪后似乎就没有更多雄心壮志了。他活到了1828年，偶尔在当地的大学讲授天文课。直到今天，艾辛加的太阳系仪仍然在房子客厅的天花板上继续运转，旁边挂着一幅艾辛加身着庄重的黑色服装坐在桌边的画像。画像上，取自贺拉斯（Horace）的题词写道："*Arces Attigit Igneas*"。他到达了炽烈的高峰。

神圣剧院（二）

神圣的主题在不同时期和不同文化中反复出现。阿尔罕布拉宫位于西班牙格拉纳达，其内部的阿本莎拉赫厅的屋顶内有一个星形开口，里面是奶油色装饰形式构成的令人眼花缭乱的"天空"。就像欣赏早期的欧普艺术[①]一般，向上凝视这个圆顶会让人有一种几近恍惚的体验，观看者被向上吸入这柔和的、几何形状的天堂，在这里，深度和距离都难以确定。阿本莎拉赫厅有意将观众的精神导向这一神秘的意境。一些基督教教堂也将圆顶装饰成室内的天堂，例如格拉纳达主教座堂内蓝绿色天空之上美轮美奂的金色群星，以及威尼斯圣马可大教堂东侧的圆顶上伴着银色星光出现在深蓝色天空中的基督。这些清真寺和教堂为宗教仪式提供了天空背景，充当着星空剧院——天空是精神信仰的所在。追根溯源，所有这些建筑的建造背景都关乎精神信仰，而不是天文学。总的来说，这些星空的出现是作为装饰性的背景，而非试图表现星座位置的科学展示。

球形剧院（二）

"天堂——"亨利·戴维·梭罗在《瓦尔登湖》（1854）中写道，"在我们头顶，也在我们脚下。"梭罗看似矛盾的思想可以有多种不同的解释。不过，他暗示着天堂——或许天空也一样——离我们比想象中近得多，而且存在于意想不到之处。半球形圆顶虽然能为观看者制造出身处繁星之下的幻境，观看者站立在平坦的地板上——天空始终位于他们头顶上方。如果圆顶能够成为一个球

---

① 欧普艺术（op art），又被称为光效应艺术，使用光学的技术营造出奇特的视觉艺术效果。——编者注

体开始转动，就可以创造出一种全新的、彻底将观看者环绕在内的幻境。这一次，星空剧院作为君主的私有物而非宗教性的装置回归。1654—1664年间，直径三米的戈托尔夫天球仪在德国北部石勒苏益格附近的戈托尔夫城堡为荷尔斯泰因–戈托尔夫公爵（Duke of Holstein-Gottorp），即腓特烈三世特制而成——又一位渴望拥有专属于自己的完整夜空的人。天球仪由宫廷图书管理员、冒险家和语言学家亚当·奥莱阿里乌斯（Adam Olearius）设计，并经由枪械工匠安德烈亚斯·伯施（Andreas Bösch）之手打造而成。游历了波斯和黎凡特的奥莱阿里乌斯在波斯听说过一个玻璃球，表面有星星，当中能坐下一个人——这或许是他自己大得多的天球仪的灵感来源。戈尔托夫天球仪由衬以木材的金属条构造而成，内外均覆盖着画布。其外部表面画着当时理解中的世界地图，那时还没有开始使用纬线，而内侧则绘有精美的占星符号和星座形象的精彩图画，其

迁至圣彼得堡的戈托尔夫天球仪（1654—1664年）

中的星星由镀金的抛光钉头表现，制造出一个综合了神话形象和点点繁星的巴洛克式世界。

　　天球仪只对公爵的朋友和客人开放。公爵会亲自操纵控制杆

令天球仪开始旋转，遵循着霍斯劳国王坐在他旋转的圆顶下展示自身威望的做法。见多识广的作家埃伯哈德·哈佩尔（Eberhard Happel）在参观了天球仪后写道：

> 天球仪内部是围绕着旋转轴的圆桌和环形长凳，我亲眼看到11个人同时坐在里面。球体内侧精确地绘有天空中所有星辰和星座形象，以及天球上的轨道，其转动由外面顺山而下的水力系统所驱动。对一个充满好奇的人而言，坐在桌边欣赏群星在天空中真实的运动轨迹被展现出来是非常令人满足的。

天球仪的轴被设置成既能够实时转动，以展现戈托尔夫的夜晚可见的星空景致，又能被加速转动，如同后来的天文馆中对

戈托尔夫天球仪和观众

时间快进的表达。一个木质的地球模型被固定在轴上随其旋转，除此以外没有其他行星。天球仪内部以烛火照明，公爵及众宾客——时而以一杯葡萄酒助兴——能够坐在里面，假装他们身处专属于自己的微型而华丽的夜空图景之中。

　　戈托尔夫天球仪被放在一栋特别建造的别墅的主厅里，与之相邻的房间内有古董柜和科学类书籍的藏书室，楼上另有一些房间供起居之用。天球仪是个有趣的物件，但它的表面下有着更为深刻的内涵。观众进入代表着整个世界的球体，在其内部体验到的却是实际上在地球之外旋转的夜空。他们坐在天球仪中央，看着太阳围绕另一个较小的地球运动——即便那时大家都已知道位于中心的应该是太阳而非地球。恒星基本都在正确的位置，但它们被淹没在源自早期巴洛克风格天花板（例如位于卡普拉罗拉的

乔瓦尼·德·韦基（Giovanni de' Vecchi）及助手创作的带有星座形象的天花板，法尔内塞别墅，1575 年

法尔内塞别墅中美轮美奂的天花板）的醒目彩绘星座形象和占星
符号之中。一系列色彩明亮、不断旋转着的形象环绕在观看者四
周——螃蟹、大小熊、公牛、水瓶、女神、船、天鹅、赤身裸体
的双胞胎、大犬座、天狼星以及永远追逐着野兔的猎户座，按照
它们在天上相应的位置排列着。这番景象表达的是一种正在消失
的古老宇宙图景，将一组组星星想象成各种地球生物和物体，用
图形符号表示。这在当时早已被更为科学的解释所取代——恒星
在离太阳很远处以可观的速度运动，它们是具有切实质量的物体。
时至今日，黄道十二星座的观念依然颇具影响力，它们的形象出
现在许多天文馆的演出中。最新版本的宇宙仍旧依赖于戈托尔夫
天球仪上众多令人着迷的形象。

　　戈托尔夫天球仪的后期历史涉及辗转的旅行。1713年，查尔
斯·弗雷德里克公爵（Duke Charles Frederick）在一场北方战争中
站错了队，从而失去了他的领土。天球仪被丹麦国王腓特烈四世
送给了一位更强大的君主——俄罗斯沙皇彼得大帝。将天球仪用
船和雪橇运到圣彼得堡的过程耗费了4年，它被放在了当地的象舍
里——那里的大象不幸地死了。后来，天球仪被移至城中心涅瓦河
边艺术房间的塔中，沙皇在此处收藏各种与科学有关的物件。1747
年，一场大火几乎摧毁了天球仪，但它又得到了重建。这不安分的
球体的漂泊之旅还在继续。1901年，天球仪在圣彼得堡近郊皇村
（现普希金城）的宫殿中展出。皇村也是琥珀宫所在之处，原本建
于柏林的它同样是一处了不起的室内空间。在第二次世界大战的列
宁格勒围城战期间，天球仪被德军夺取并以专用的铁路车皮运回德

国。它被展出在吕贝克附近一个荒废的医院内，距离其位于戈托尔夫的原址并不远。战争结束时，早已布满弹孔的天球仪经由摩尔曼斯克被送回列宁格勒。在摄于1948年的一组照片里，天球仪被放在一辆卡车上，随后被一个看起来不怎么稳定的滑轮系统吊到艺术房间的塔顶，人们不得不拆除了该塔的部分墙体才将天球仪放了进去。

在全球性灾难时期的尾声，这颗行星回到了它在天上原本的位置，仿佛预示着后来另一颗小得多的行星的回归——伦敦天文馆的小星球同样被摇摇晃晃地拖到了屋顶。作为最早的巴洛克式天文馆原型，戈托尔夫天球仪现在未免受到了过度修缮了，如今它仍留在波罗的海天际线上艺术房间塔中。正如奥莱阿里乌斯在天球仪初建时所写的：

> 人可以令圆形的物件
>
> 轻易滚动
>
> 自然让一切事物
>
> 处于圆环之中
>
> 因此没有什么可以留在原地
>
> 它必须始终跟着移动

球形剧院（三）

戈托尔夫天球仪启发了其他一些没那么贵族化的天文球体模

型的出现。这些模型的建造目的通常兼具科学性和哲学性。数学家埃哈德·魏格尔（Erhard Weigel）写道："我在寻找运动核心中的静止。"1661年，魏格尔在德国耶拿的家中制作了一个直径5.4米的铁球——这或许是两个半世纪后在耶拿一个屋顶上建成的史上第一个天文馆的奇妙前身。铁球可以转动，有固定的子午线，外表面绘有黄道十二星座并穿有能够透光的孔，使射入的光线为内部的观众模拟出星空的图案。行星模型可以利用磁铁吸附在铁球表面，沿各自的轨迹运动，这由戈托尔夫天球仪又前进了一步。

魏格尔的铁球并没有采用巴洛克风格的符号装饰，而是借助从球壳外射入的光线，首次尝试了以开孔制造星光的效果。他找到了运动中的静止吗？在球体中心的平台上，他独自伫立在旋转的漫天星辰之中。

这个铁球在1692年被毁，但魏格尔还建造了"星橱"——一个最多能容纳100人在内仰望真实星空的黑暗竖井。此外，他在1670年制作的名为"泛宇宙球"的装置也可以让人进入内部，这个装置不仅设有模拟星星的小孔，还模拟了炙热的流星和火山爆发，以及伴着雷鸣的暴雨和冰雹。泛宇宙球中用到的技术至今无法解释，但其本质上是霍斯劳王圆顶的一次回归。1765年，致力于测量行星和恒星距离并发明过一些古怪乐器的天文学家罗杰·朗（Roger Long）在剑桥彭布罗克学院制作出一个类似的球体。朗将它命名为"天王球"（Uranium）以纪念几年前被发现的行星天王星（Uranus）。理论上这个以绞盘驱动旋转的球体能够容纳30人，尽管在如此狭小的空间内他们或许会挤在一起。

以上种种球体模型为挤在桌边、数量有限的观众提供了一个空间。虽然它们的实际尺寸仍然相对较小，这些球体都为观众提供了身处浩瀚夜空之下的体验。

东方主义题材的巴洛克剧院

这些球体模型的影响延伸至小说之中。作家和哲学家伏尔泰在其短小荒诞而富有哲理的小说《巴比伦公主》（*The Princess of Babylon*，1768）中描写了一位中东公主游历世界并多次接触到欧洲文化的故事，这给了伏尔泰讽刺国内外宫廷生活的机会。布满星星的圆顶在这个童话版的东方世界中再次出现。伏尔泰笔下的圆顶房间类似于戈托尔夫天球仪，但尺寸比后者大得多：

> 椭圆形的大厅直径300英尺①，它的天蓝色房顶上点缀着金色的星星，在正确的位置上表现所有星座与行星。天花板连同圆顶的转动都由如同驱使天体运行的机制般鬼魅无踪的机器操控。10万个装在水晶筒中的火把照亮了餐厅内外。自助餐台上摆着两万个酒壶和餐盘，它对面的舞台上则是许多音乐家。

伏尔泰笔下的天文馆是个混合了天文、餐饮和音乐的中东式的娱乐性圆顶建筑。

————————————

① 　1英尺＝0.304 8米。——编者注

球形剧院（四）

　　所有这些别出心裁的装置都缺少一种特定的宏大感。夜空有其独特的尺度和广袤无限之感，不该被缩减成为玩物或聚会场所。空间不断膨胀的宇宙自然需要被严肃以待。"牛顿啊！"艾蒂安 – 路易·部雷（Étienne-Louis Boullée）在一份规模足以与这位科学家的理念相匹配的建筑提案中写道，"我想到了个点子——用你的发现环绕着你，就像是让你自己环绕着你一样。"1784年，部雷为艾萨克·牛顿爵士设计了纪念馆，这位物理学家由于发现了重力和光的定律广受赞誉。牛顿的石棺将被放在一个直径150米的空心大圆球内，圆球坐落在巨大的底座上，周围种植两圈雪松。纪念馆在

艾蒂安 – 路易·部雷设计的艾萨克·牛顿纪念馆外观，1784 年

白天和晚上会是两种截然不同的天文馆。在白天，圆球上半部分的小孔能够令阳光透过，给人以漫天星辉的印象。在这番对现实的奇妙颠倒中，星星只在白日闪耀。而在外界黑暗的时段，球形建筑物中心的一个大型太阳系仪会发出人造光。这个太阳系仪由行星模型组成，能够借助机械令各个模型沿行星在天空中准确的轨迹运行，仪器中间的光芒则会将行星的影子投在球体内部。因此纪念馆夜间的效果类似于后来的天文馆中的景象，只不过太阳系仪占据了后来投影仪的位置。为人们留出的通道好比穿过金字塔实心内部的通路，是一条贯穿巨大底座、通往空心圆球内的隧道，穿过这条尺寸与建筑内部巨大的空间相比微不足道的通道，人们可以站在圆球内敬畏地仰视这非凡的空间。部雷继续描述道：

艾蒂安-路易·部雷设计的艾萨克·牛顿纪念馆显示着夜空的截面

观众发现自己像被施了魔法般悬浮在半空，置身于漫无边际空间景象中……纪念馆中的照明由装饰着天穹的行星和恒星提供，模拟着晴朗的夜空……外面的日光透过这些小孔射入阴暗的内部空间，用明亮的光线为圆顶上所有物体镀了一圈闪耀的亮边。纪念馆这种照明的形式是对夜空完美的再现，而群星的效果也辉煌至极。

在1794年法国大革命的顶峰时期，部雷的同胞让-雅克·勒克（Jean-Jacques Lequeu）提出了一个同样是外表面布满小孔的相似建筑方案。勒克是个比部雷更为古怪的角色，他在一幅自画像中将自己描绘成一位异装癖修女，其作品中也常常充斥着毫不掩饰的色情，这令马塞尔·杜尚（Marcel Duchamp）等一些超现实主义者对他的作品充满兴趣。勒克的地球圣殿，又称无上智慧圣殿，创作于马克西米利安·罗伯斯庇尔（Maximilien Robespierre）的至上崇拜短暂取代天主教成为法国国教的时期，那时常常举办赞颂智慧的盛大公众庆典。根据方案随附的文本，勒克的圆球应当建造在"大量产出各类谷物、精细牧草和稀有植被的美丽而丰饶的土地"之上。这一设计止步于色调细腻的水彩画稿，当中示意了建筑的剖面图和正面图。建筑的主体是一个白色的大理石球，外面装饰着地球各大洲的图案，底座上围成一圈的圆柱为球体提供了支撑。石球内部的照明同样来自表面的开孔，它底部的木地板上放有一个看似能够转动的较小的地球仪。

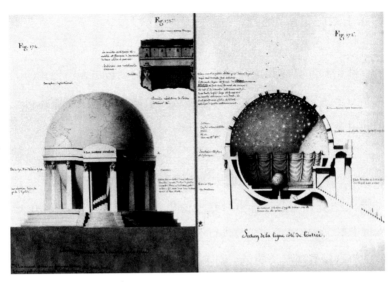

让－雅克·勒克设计的地球圣殿，约 1794 年

　　勒克从来不是理性崇拜的信徒。他一向任性而不理性，而他的空心石球也是对理性宇宙这一概念的戏谑。相较于部雷所设计的天球之壮丽，勒克的设计描述了一个令人焦虑不安的宇宙——逐渐变小的球体无限嵌套的结构。在真实的天空之下、原本的地球之上是像地球仪一般的球形圣殿，而在它内部被照亮的天空下又是另一个地球仪，当中可能还包含着另一片天空。勒克的无上智慧圣殿似乎是天文馆进化中的又一个死胡同，但其既是神庙又是科学仪器的形式却成为20世纪20年代后期出现的德国天文馆的前身。在政治动乱的时期，对科学的神化似乎很常见。无上智慧，即宇宙奥妙的最终启示，仍有待发现。

音乐主题的皇家剧院

部雷和勒克的圆球具备了戏剧性，它们创造出无与伦比的天文布景，当中闪烁着星光。最终，这两个伟大的法国球体建筑中的演出进入了真正的剧院。

管弦乐队演奏着迷人的音乐。夜女王似乎正恳求塔米诺拯救她的女儿。在美妙的乐曲中，缀满星光的夜空背景出现了。这一宏大的戏剧布景是卡尔·弗里德里希·申克尔（Karl Friedrich Schinkel）为1816年在柏林进行的一场莫扎特《魔笛》的演出所设计的。这是名副其实的星空剧院。艺术家卡尔·弗里德里希·蒂勒（Karl Friedrich Thiele）绘制的闪闪发光的水彩画将申克尔的舞台设计保存下来。画中排列整齐的星星从云朵间升起，在夜女王的

卡尔·弗里德里希·申克尔为歌剧《魔笛》设计的夜女王舞台布景，由卡尔·弗里德里希·蒂勒绘制，1815—1816 年

月亮战车上方形成了戏剧化的帷幕。这个以视觉陷阱打造的内部圆顶营造出三维的效果，用来配合莫扎特创作的欢快音乐。从舞台外看去，观众们恰好处于夜女王的领土之外，仍然身在自己的世界中。但他们也被星星的光芒照耀着。

球形的"粗俗剧院"

与夜女王一道，我们置身于一个魔幻版本的夜空中，早已远离了科学的考量。一个大尺寸模型为什么非要符合人们对太阳系的传统观念，将地球表现为凸起的球形呢？在球体内侧展现地球的表面与部雷和勒克的宗旨背道而驰，也无意中导向了有关空心地球的奇异理论，从而有可能颠覆之前所有对空间本质的解释。企业家兼地图制作者詹姆斯·怀尔德（James Wyld）于1851年在伦敦的莱斯特广场架设了一个直径19.3米的木质圆球。它的内表面以浮雕的形式展示着凹面的地球，上面有数千个石膏制成的各种地貌模型，其中包括以红色棉毛做成火焰的喷发中的火山，以及用闪闪发光的水晶做成的雪山。怀尔德的圆球吸引了大量参观者，在它展出的两年间，共有120万人次前来参观。圆球顶端巨大的开口提供了照明，参观者可以从木楼梯登上平台，观看球体内的场景。圆球底部环绕着一条外廊，其上装饰的星图出自一位布景设计师之手。

怀尔德的本意是令参观者得到对地球的整体观感，但他的圆

詹姆斯·怀尔德的圆球，1851 年

球同样具有天文意义。圆球或许可以被看作凹面的空心地球这一极其古怪的理论的前身，空间地球的理论认为，地球的表面形如球体的内表面，而不是外表面。这个理论最初由赛勒斯·R. 蒂德（Cyrus R. Teed）于1886年提出，远远晚于怀尔德球制成的时间，但两者或许具有内在联系。如果我们并非身处地球之外，而是在其内部，会对夜空造成什么影响吗？蒂德对太阳、月球、行星和其他恒星看似所处的位置这一明显矛盾的解释是，这些仅仅是光线弯曲所造成的幻觉。毫不意外，空心地球理论并没有吸引到多少追随者，后来埃及数学家穆斯塔法·阿朴杜勒-卡德尔（Mostafa Abdelkader）对它给出了新的解释。卡德尔在1981年提出，时空在趋近于空心球中心时收缩，这解释了火箭如何从地球表面升空，并令传统天文学中包含更多星系和其他遥远天体的无限空间成为可能。不过，如何在剧院或天文馆内展现这一观点仍然是个谜。

　　之后的几十年间，人们越来越希望在建筑的尺度上对地球和太阳系进行模拟，大量体积庞大的球体因此被提议建造，似乎宗动天提供的版本不再令人满足，而人们能够改进原本的夜空。芝加哥一个未落实的项目方案中涉及一个能容纳10 000人的圆球，它计划被安放在150米高的巨人阿特拉斯雕像的肩膀之上。无政府

主义者、作家埃利泽·雷克吕斯
（Élisée Reclus）为1900年于巴黎
举办的世界博览会构思了一个直
径127米的地球模型，外部包裹
着不同寻常的、带有螺旋坡道的
蛋形蒙皮。建筑师保罗·路易·阿
尔贝·加莱龙（Paul Louis Albert
Galeron）设计了一个小一些的天
体球，名为"宇宙全景"。这个圆
球直径60米，外部饰有星座，人
们可以乘坐缆车盘旋而上，欣赏
它外侧的图案，也可以进入其内

埃利泽·雷克吕斯和路易·博尼耶（Louis
Bonnier）为 1900 年的巴黎世博会设计的
地球仪

部一个较小的球体观看行星运动的演示。此时，建造地球和它所
处的太阳系的巨大模型这一欲望似乎已被消耗殆尽。

球形的"直觉剧院"

最终，在星空剧院的长名单中，一个现实得多的天文球体模
型（阿特伍德球）出现在20世纪初。这个在1913年为芝加哥科学
院建造的球体直径仅有5米，以钢制成，它沿用了魏格尔和部雷
的方案，利用表面上钻出的692个小孔来模拟星星。球体内的空
间足以装下10位紧紧挤在一起的观众，后者由一个机械平台带到

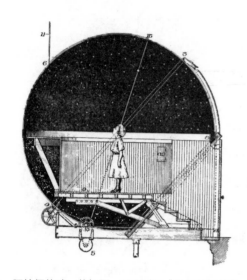

阿特伍德球，芝加哥，1913年，《科技新时代》
LXXXIV卷（1914年1月）

此处。球体以缓慢的旋转带给观众夜空流转的观感。在一幅展示球体截面的插画中，一个站立着的小女孩的头部恰好位于球体正中央，这个像是从爱丽丝梦游仙境中走出的人物虔诚地仰头凝望着人造的星光，而装置内，转轮和齿轮正驱动着球体旋转。这样的装置介于早期的天文机械与后来的投影技术之间。它既是球形的又是直觉的，效果直接而神秘。观众们身处狭窄的日常空间内，头顶的光芒却来自浩渺的夜空。阿特伍德球如今位于阿德勒天文馆的展览室中，它结合了戈托尔夫天球仪的机械装置和部雷设计的球体建筑的光线效果。在真正的天文馆出现之前，这是天文球体模型这一伟大清单上最后的成员。

　　本章中所列出的天文馆的各种前身均创造了其特有的夜空景象。随着19世纪科技的发展，自然的奇观不得不开始与巧妙的人造幻象竞争，并且节节败退。这些人造的剧院影响着甚至取代了自然世界。随着越来越多的人搬进城市，大众对现实中的自然现象知之甚少，这些球体模型、圆顶和机械都成了人们尝试模拟真实世界的宏大目标的一部分。到了19世纪末期，已经出现了各种类似的人造复制品，其中一些虽然处于人造环境中，却包含着真实的自然元素。动物园将真正的动物展示在人工搭建的环境中，自然历史博物馆在森林、平原和沙漠的舞台场景中放满了相应的动物标本，水族馆则是以人造海洋背景烘托真正的鱼类。以360度画面再现城市、自然景观乃至战争等场景的全景画出现在欧洲和美国许多城镇的大型建筑物中，往往带有绘制成天空图案的圆顶，它们在19世纪十分流行。

更重要的是，基于光学投影的电影被发明出来。电影记录下真实的世界，并用银幕上一系列闪动的图片对其加以重现。它脱离了物质上的重构，从用木材和石膏建成的结构转变为以光线创造的没有实体的幻境。源于电影的投影技术成了后来天文馆投影仪的基础。但与电影院内播放的录影中一成不变的世界所不同的是，天文馆的每场演出都有细微的差别。彼得·布鲁克在《空的空间》中写道：

> 电影将来自过去的图像放映在银幕上。因为一生中类似的场面不断在我们的脑海中上演，电影看起来无比真实。当然，事实并非如此，电影其实是对日常感知中不现实的部分一种令人心满意足的延伸。而戏剧则永远声称自己正处于当下。

天文馆以及上文提到的一些天文球体模型与电影有一定重叠，因为它们应用了对光线的投影。但它们同时也具备戏剧的特质——观众们坐在巨大的投影仪周围观看现场演出，当中行星移动的轨迹每次都有些微不同，解说员的声音也依受众不同有所变化。像任何其他剧院一样，天文馆中的演出一再重复着，但又根据圆顶内的氛围不断在变化。

至于那隐约呼应着有关埃及太阳女神和每日地府之旅的古老传说，于每晚上演、又在清晨消失无踪的行星表演——终于轮到真正的星空剧院登场了。房间中央发着光的投影系统开始自行运转，讲解员冷静的声音传来，儿时记忆中的一个声音突然被记起，耶拿房顶上的演出即将开始。在灯光熄灭、星空浮现之前，我们是时候就座了。

第二章

来自德国的发明

1924年，位于德国东部小城耶拿的蔡司工厂的屋顶上出现了一个新的结构。与之相邻的房顶上就是蔡司天文台的圆顶，公司在其内部测试用于观察夜空的望远镜。在耶拿的天际线上还矗立着其他塔楼、哥特式山墙、圆顶、尖塔和烟囱，这些结构属于城中的教堂、工厂和仓库。新的结构是城中第二个圆顶，比天文台的圆顶更大，以细金属杆所组成的复杂网架构成。这是第一个试验性的短程线圆顶①。

　　不同寻常的是，这个圆顶是自上而下建造出来的。最开始，金属杆被接在后来会成为拱顶的部分，然后这个网架元件由捆在两个木质脚手架上的缆绳提起。下面的部分依次被加上，组成一个直径16米的半球形骨架，整个骨架仅由细杆互相连接而成，不依靠外力单独立在房顶上。这之后，圆顶被覆上金属丝网并涂上一层薄薄的水泥，内里则衬有固定在金属格上的亚麻布做衬。一个类似放大版厨房用具的奇怪机器被吊上了屋顶，放在圆顶中央的地面上。它高约1.5米，上面带有各种喷嘴和鼓座，这是同类机

---

① 　短程线圆顶（geodesic dome），又称短程线穹顶，即应用短程线概念的网格化的圆顶，是一种现代化的圆顶结构。——编者注

器的首次亮相。穿着车间工装裤的机械师测试了机器的活动部件，并调整好齿轮，上紧皮带。一个穿着深色工作服、留着小胡子的矮小男人指挥着作业。另一个衣着光鲜、留着大胡子的高大一些的男人边看边记录着。背景灯光被调暗，圆顶内部漆黑一片。机器中的投影仪一个接一个被点亮，随着其他移动投影仪的移动，齿轮和皮带开始转动，环形的光闪烁在圆顶的亚麻衬里上。渐渐地，这些模糊的光亮被聚焦成精准的光点。

　　观众应该能认出这些光点间熟悉的形状，将它们连起来，组成古老传说中隐约记得名字的星座，另一些光点以不寻常的速度划过，这是前所未见的、逐步演化的人造夜空。

　　耶拿蔡司工厂屋顶这个被称为星空剧院的结构是最早出现的天文馆。它工作的原理基于光线的投影工作，是蔡司公司的光学工程师瓦尔特·鲍尔斯费尔德为慕尼黑德意志博物馆的创立者奥斯卡·冯·米勒（Oskar von Miller）设计的。星空剧院这个名字比天文馆一词更接近这一结构的实际功能：圆顶内的设备主要表现星空，并以行星作为补充；它也具备剧院的特征——这里有为观众奉上的演出。星空剧院是在魏玛共和国[①]特定的社会、政治及艺术条件下诞生的。

　　奥斯卡·冯·米勒是一位致力于以新技术造福德国人民的理想主义者。米勒是巴伐利亚最大的电力公司 AEG（德国通用电气公司）的董事，对 19 世纪后期配电系统建设中的技术进步做出了贡

---

① 　魏玛共和国（Weimar Republic）指 1918 年至 1933 年采用共和宪政体的德国。——编者注

施工中的蔡司工厂的圆顶

献，从而使电力进入德国城镇。他不仅仅视电力为一种能源，更把它看作文明的力量。1903年，米勒有了在慕尼黑建立一个国家技术博物馆的宏大构想，他希望同时将历史上与现代的技术都展现给人们。博物馆的建设被第一次世界大战打断，并受到随之而来的经济崩溃和此类文化项目资金短缺的影响，前后共耗费超过20年。

　　米勒非常想在他的博物馆里开设一个天文学区域。他请到的顾问是德国天文学家、海德堡天文台台长马克斯·沃尔夫（Max Wolf）。沃尔夫花了很多年时间对恒星进行编目，追踪小行星以及利用正在发展的天文摄影技术研究当时人们并不了解的暗星云——这些夜空中看似黑暗的部分事实上包含着不透明的细小尘埃。沃尔夫对如何向没有科学背景的参观者传达日益复杂的天文学概念很感兴趣，他鼓励米勒在博物馆中加入对夜空的演示。1913

年，米勒决定为他的博物馆建造两个天文馆。有些令人困惑的是，它们分别被称作哥白尼式和托勒密式天文馆，因为前者可以向移动的观众展示太阳系的运动，后者则面向静止的观众，但两者自然都表现了地球绕着太阳运动。观众将能看到演示行星绕太阳运动的模型和展现夜空景象的剧场表演。最初，模型和剧场表演是分开的。这两个天文馆计划设置于慕尼黑博物馆的塔楼中，位于放有一个巨大的格尔茨望远镜的圆顶房间之下，对天空的直接观察因而与对天体运动的理解联系在一起，并将成为一个持续的主题——从望远镜里得到的信息也能在天文馆里被解读。在米勒的整个事业中有一处奇怪的矛盾，这个矛盾也将贯穿对自然现象创建模拟的故事：米勒亲自引入德国城市的电气化城市照明所造成的眩光令城市居民难以看到星空，于是人造的夜空成了真实体验的必要替代品。因为照明技术的发展而不再完全可见的自然世界，将被巧妙的模拟所取代。

建于1913年的米勒的哥白尼式天文馆是个有趣却以失败告终的机器。和早些时候荷兰人艾辛加制作的太阳系仪一样，行星模型被安装在天花板上，以一套复杂的皮带和转轮系统驱动。太阳系仪一向有个缺点：观众与系统本身是分隔开的，他们无法身处其中，只能站在外面看小球的运动。能够让观众进入的球体，例如戈托尔夫天球仪，都在尝试着弥补这一点，但它们永远无法展示过多细节。然而在慕尼黑的这台机器里，一个代表着地球的小车厢以机械推进，沿轨道前行，观众能够在车厢内通过潜望镜观察其他行星。在这里，观众终于有办法摆脱其与系统分离的位置，

哥白尼室（相传建于 1923 年），德意志博物馆，慕尼黑。照片摄于 20 世纪 40 年代

成为天体运行机制的一部分。这是个创新的方案，也是为数不多的尝试了这种太阳系与其观察者之间的动态互动的模式。它或许可以被看作是将天文馆的概念与当时爱因斯坦逐渐被科学界所接纳的相对论的特定方面联系起来——相对论质疑任何系统中所谓中性的观测者的位置。在爱因斯坦完整的理论超出外行人的理解范畴之前，他在早期研究中用到了 beobachter（德语，意为"观测者"）一词，并且常常用在移动的火车车厢内携带时钟的观测者作为例子说明时间的相对性。慕尼黑的博物馆中的机器并没有明确地涉及这样的理论，但相较于早先观众位置固定的较为简单的情形，它令观众移动起来，从而引入了一种相对性。在博物馆中，车厢内的观众将看到包括自身在内的太阳系中的一切都在运动的景象，而他们观察的视角也在不断变化着。

这一机械天文馆自有其魅力，但它过于平凡和笨拙，缺乏宇宙启明之感。尽管野心勃勃，这个天文馆还是有些平庸。在当时的照片中，一个穿灯笼裤的肥胖的巴伐利亚男子站在车厢里，透过潜望镜向外观察，而一位过分殷勤的博物馆管理员则正用一根长杆指着该观察的行星。这个天文馆的创意好于最终的成品，其整体效果近乎一台将太阳系缩减成为游乐园设施的个人主义机器。19世纪早些时候的全景画让观众在模拟的船只和车厢中随着场景移动，而这台机器是这类尝试的新版本。后来在20世纪五六十年代的世界博览会上，小火车带着观众穿过表现月球上或海底生物的戏剧场景，这台机器也是此种设计的前身。慕尼黑的车厢中的旅程虽然有趣，但每次只能容许一个人对太阳系进行观察，并且透过潜望镜看到的场景也十分有限，这其实并不比一组球体模型在视野中进进出出好到哪里去。对一个以上的球体进行对焦本来就十分困难，何况它们看起来更像是大小不同的球，而不是明亮的行星。潜望镜的视角也很奇怪，看到的画面就像是在U型潜艇中透过潜望镜看着往来海面上往来的其他船只那样——这也是后来第一次世界大战中特有的视角之一。天文馆一直留在原处，直到它在1944年对慕尼黑的轰炸中遭受到严重的打击并部分被毁。时至今日，米勒创新性的哥白尼式天文馆机器只剩下一组曾经代表着行星的显眼的小球。

第二个传达真实夜空体验的天文馆需要更加富有创意、与20世纪的技术相匹配的发明。它之所以被称作托勒密式，是因为它能够向一个位置不变的观察者展现行星的运动，而不像第一个机器那样让人随着车厢缓慢前行。它自然地将哥白尼体系以一种视觉体验的形式展现出来，实现了科学与娱乐的结合。1913年，米勒找到了耶拿的蔡司光学公司的董事们。蔡司公司是一间传统的家庭公司，数十年来设计并制造了包括望远镜、相机、医学机械、枪械瞄准设备和各种镜片在内的各种光学仪器。遵循着戈托尔夫天球仪和芝加哥的阿特伍德球的传统，托勒密式天文馆的早期创意集中在让一个缀满繁星的大球围绕观众旋转的点子上，然而最初的尝试并不令人满意——设想的大球尺寸过大以至于难以转动，整个装置也缺乏天空的华丽感。

随着第一次世界大战的到来，这份事业被暂时搁置了，但在蔡司公司，米勒遇到了一个非比寻常的人——瓦尔特·鲍尔斯费尔德。这个人将带领项目彻底摆脱原有想法的局限。鲍尔斯费尔德很快建议放弃转动金属圆球的枯燥任务，转而使用一套投影系统。

在一场沉闷的工程师会议上，鲍尔斯费尔德带着热情步入会场：

瓦尔特·鲍尔斯费尔德提议的屋顶上圆顶结构，耶拿蔡司工厂，1923 年

我们为什么要造那么复杂的机器？我觉得我们应该把太阳、月球和行星的图像投影到金属圆顶上。所有这些机器都能被圆顶中间一个里面装着投影天体的仪器的简单结构代替。

鲍尔斯费尔德话音未落，与会的科学总监施特劳贝尔（Straubel）教授就说："那我们也可以把固定不动的恒星投影到圆顶上。"

鲍尔斯费尔德用他细长的字迹在笔记本上记下："在这一刻，投影式天文馆诞生了。"

鲍尔斯费尔德是一位相当有创意的光学、机械和结构工程师。他在蔡司公司的背景涉及摄影和电影的许多方面，尤其是用多张照片制造三维景深错觉的立体摄影领域，及其在对地景的航空摄影与二维地图相结合中的应用——这在战时可以用来辅助空中侦察飞行。鲍尔斯费尔德是个多才多艺的人，他了解各种不同的投影系统、复杂的三维几何学，乃至创新的建筑建造。所有这些技能都成了第一座真正的天文馆诞生过程中必不可少的因素。

鲍尔斯费尔德很快提议将沉重的机械系统换成一台

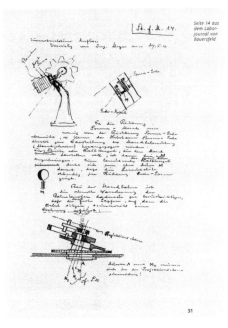

瓦尔特·鲍尔斯费尔德的投影仪草图，约 1920 年

投影仪。他如此描述自己的想法：

> （首先）建造巨大的圆顶，将它白色的内表面作为投影
> 面，并在圆顶中间布置多个投影设备。较小的投影机各自的
> 位置和移动将被适当的装置相互关联起来，所以投影仪在圆
> 顶上生成的图像将把夜空中可见的群星的位置和运动展现在
> 我们眼前，就像我们通常在自然中看到的那样。

在这个圆顶建筑中，观众们和投影仪都处在固定的位置上，而夜空的投影在其四周移动。鲍尔斯费尔德的主意自然脱胎于电影——在其他项目中，他曾参与过有关电影院中投影系统的工作，他的灵感也源自以投射光来制造现实的错觉这一概念。这种手法在30年前卢米埃尔兄弟时代就已出现，但现在它不再应用于冒险、浪漫乃至表现派的吸血鬼电影，而是天文学。银幕上的巨星即将被真正的群星替代。

机械上的难题如今简化为投影仪的设计。天文学历史中为制造复杂的活动圆顶所做出的种种努力突然变得多余起来。电影院内只有一台投影仪和一束照在二维银幕上的光，而为了创造出人工夜空，天文馆则需要将很多束彼此独立移动的光线照在三维的半球形银幕上。

蔡司公司的技术人员得到了一个任务，他们要设计出一种投影仪，能同时表现固定的恒星和在椭圆轨道上以不同速率绕太阳运动的行星。他们宣称这是不可能完成的任务。但据说鲍尔斯费

尔德仅用一个周末就解决了问题。他优雅的手绘草图仍留存于蔡司公司的档案收藏之中，从中能看出他如何耐心而极富想象力地解决了各种复杂的三维几何问题，设计出钟表般精巧的机关并实现了不同的光照强度。他正在创造的不仅仅是一套投影系统的机械装置，更是一种全新的看待天体在天空中运动的方式，甚至是新的建筑类型学。在超过5年的时间中，鲍尔斯费尔德和他在蔡司公司的同事们设计出复杂的机器结构、精细的机械以及为了实现移动的行星和数以千计的固定恒星的效果所需的大量镜片。

　　蔡司公司名为马克一号的最早的投影仪原型被用在耶拿工厂的屋顶上，它巧妙地解决了如何同时制造出固定的恒星背景和表现行星移动的光线的问题。从表演的角度而言，这些固定的恒星之间被看作不存在相对运动——事实上，它们在天空中当然在以可观的速度运动着。这些恒星被从装有一组投影仪的圆球中投射出来，每个投影仪负责天文馆圆顶的一个特定部分。这4 500颗恒星的亮度分为6等，因此有些恒星看上去比其他的更远。球体内还设有光线较为柔和的投影仪用来投影银河系，另一些会显示星座和黄道十二星座的名

蔡司马克一号投影仪，1923 年

称。在圆球下方是一个与水平方向呈23度夹角[①]、代表着地球自转轴的金属棒，其上装有更多能够独立移动的投影仪，用来投影太阳、月球，以及水星、金星、火星、木星和土星5颗行星（当时略去了天王星和海王星）。整台机器以旋转模拟地球的转动，行星也能够以不同的速度运行，从而在50秒、两分钟或4分钟的时间内展现出一年的时空流转。这当中用到的所有精致又复杂的电机和齿轮系统让人联想到一些早期的太阳系仪，只不过它们现在被用在了一个真正的天体调制器上。

这个投影仪被短暂地安装在慕尼黑德意志博物馆中试运行，之后被放入鲍尔斯费尔德为它特别设计的临时屋上圆顶内。鲍尔斯费尔德在设计这个圆顶的过程中得到了建造薄壳结构的专家、工程师弗朗茨·迪申格（Franz Dischinger）的协助，迪申格提供了鲍尔斯费尔德所缺少的施工技术方面的专长。最终建成的圆顶非同凡响，作为史上第一个短程线结构，它的布局基于被分割成三角形的二十面体，类似于鲍尔斯费尔德用来建立投影仪光线与圆顶抽象结构之间关系的几何形状。鲍尔斯费尔德为解决用来投影固定恒星的投影仪的布局问题所设计的二十面体结构，经过适当的修改，又被用来构造金属杆的网架，从而形成了圆顶的结构。因此，建筑的实体结构遵循了圆顶内为光束所布置的无形格局。

鲍尔斯费尔德早已了解光束的几何结构，但用二十面体作为实体结构的主意从何而来呢？一种假说认为，短程线结构在圆

---

① 原文如此。此处或许应为与水平面的法线（即垂直方向）呈23度夹角，这也是地球自转与公转方向之间的夹角。——译者注

顶中应用的起源与自然历史有关。美杜莎别墅是蔡司公司在耶拿拥有的建筑物之一，这里从前是19世纪伟大的自然主义者恩斯特·黑克尔（Ernst Haeckel）的家。黑克尔研究有机体的形态学，并绘制了表现各种微生物细节的精彩插画书。别墅的名字就来自他最喜爱的生物——章鱼。黑克尔的手绘中有一些放射虫类的微型水生生物，它们的身体具有二十面体的结构。黑克尔还让一对同为玻璃艺术家的父子利奥波德（Leopold）和鲁道夫·布拉施卡（Rudolf Blaschka）制作了放射虫结构的模型。这些放射虫的模型和图画与蔡司公司屋顶上的圆顶结构极为相似。鲍尔斯费尔德一定知晓黑克尔的工作，并且有意或无意地使用了这种结构设计他的轻型圆顶。来自海底王国黑暗中的微小放射虫或许是这个为天空而生的建筑的原型。

短程线圆顶自然地谱写出了它自己的历史。鲍尔斯费尔德的圆顶于20世纪五六十年代被美国建筑师R. 巴克敏斯特·富勒（R. Buckminster Fuller）进一步改进，创造出新一代的圆顶，它们的尺寸小至几米，大至出现了覆盖部分曼哈顿的设计提案，但这当中丝毫没有提及鲍尔斯费尔德的贡献。事实上，鲍尔斯费尔德圆顶的图像在美国广为流传，例如在包豪斯艺术家拉斯洛·莫霍伊–纳吉（László Moholy-Nagy）的书中。关于富勒的出版物中有时会出现黑克尔的放射虫图像，但也没有提到鲍尔斯费尔德。富勒设计的圆顶与鲍尔斯费尔德的不同之处在于，富勒的短程线结构通常暴露在外并镶有面板，而鲍尔斯费尔德则将杆结构隐藏在混凝土表皮之下。鲍尔斯费尔德并不是特别在意建筑的外部结构，他更关注如何在天文馆的圆顶内创造出独特的、比圆顶本身大得多的外界空间。

　　屋顶上的天文馆很快被称为耶拿奇观，在它开放的最初几周就吸引了5万名来自德国各地的参观者，在屋顶上排起了长长的队伍。在魏玛共和国经济和政治动荡不安的时期，星空剧院带来的欢乐显然对沉浸在国家军事上的失败及东部的土地损失中的人民非常有吸引力。如果说日常生活是不确定的，那么闪闪发光的太阳系演示则提供了科学形式上的寄托和消遣。夜空渐渐从漆黑的圆顶中浮现，每颗行星遵循它们既定的轨迹运行，谁能不被此般景象所鼓舞呢？人造的夜空既可靠又壮丽。此外，对那些此前对天文学原理一无所知、或许也不怎么感兴趣的人而言，现在天体的运动也变得完全可以被理解。

　　耶拿的屋顶天文馆只是一个临时建筑，它在几个月后被拆除。投影仪被安装在德意志博物馆一个带有直径10米的圆顶的房间里，终于实现了奥斯卡·冯·米勒第二个天文馆的愿望。搬到博物馆中的天文馆再一次受到欢迎，吸引了大量观众。与隔壁房间笨拙的哥白尼式天文馆相比，鲍尔斯费尔德设计的系统显然要优雅得多。维多利亚时代的机械已经不足以表现太阳系中精巧的运动和隐约的柔光了。

　　天文馆的参观者们沉醉于美轮美奂的演示，它几乎是对真实夜空的升级。构成主义画家和平面设计师瓦尔特·德克塞尔（Walter Dexel）写道：

天空从我们头顶欢快而庄严地掠过。它晴朗而纯净，在现实中很少能见到。太阳、月球和行星沿它们的轨道运动，固定的恒星闪耀着，银河系在点点繁星的微光中闪烁——这是能与现实抗衡的景象……我们几乎相信了自己正身处户外。

耶拿屋顶上和慕尼黑博物馆中的星空剧院在德国上下激起了巨大兴趣，这也显示出对这一类永久性建筑物有需求。耶拿市政府提议在耶拿的公主花园里建造一座天文馆，配备一个直径25米的更大的圆顶和第一台蔡司马克二号投影仪。由于这座公园中的天文馆相较于鲍尔斯费尔德建在工厂屋顶的圆顶是更为正式的建筑，设计它的重任由工程师那里转到了耶拿的施赖特尔与施拉克建筑事务所。他们设计了一个带有圆顶的古典场馆，底层外部有正式的门廊和一排柱子。建筑的圆顶再次由鲍尔斯费尔德设计，作为对原始版本的短程线结构的改进，他设计出一个极为精致的壳状结构，厚度被缩减至壳与内部空间的比例就像蛋壳和它的内部一般。鲍尔斯费尔德圆顶的极简优雅与门廊那精简过的古典主义漫不经心的姿态形成了鲜明对比。

耶拿天文馆的设计引发了大量关于天文馆这种全新的建筑类型应该采用何种建筑形式的讨论。在最后一层可见球面之外存在着什么？这一中世纪的古老问题以一种全新的形式回归了。对一栋包含了天空的建筑而言，什么样的外观才是合适的？对一个既存在于观众日常生活的尺度上，又存在于宇宙尺度上的内部空间，其外部究竟该是什么呢？另外，天文馆到底是个影院，还是栋市

公主花园的耶拿天文馆外的人群，1926 年

阿道夫·迈尔的耶拿天文馆方案的模型，1926 年

民建筑？它是座神庙，还是幅全景画，又或是个剧院？这些问题在后来的天文馆设计中被反复提出，至今未有定论。唯一能被普遍接纳的是，这些问题并无特定答案。天文馆一般是带有圆顶的，但其实它可以拥有建筑师提议的任何外观，只要能包含带有半球形银幕和投影仪的内部空间。

蔡司马克二号投影仪，20 世纪 20 年代

包豪斯建筑师阿道夫·迈尔（Adolf Meyer）提出了一个不带装饰的现代主义设计作为竞争方案。这个设计中包含一个略带抛物线形状的简洁的圆顶，顶端有二层楼高，入口区域设在底层。迈尔将鲍尔斯费尔德圆顶建筑系统的纯粹风格与传统建筑学中的装饰形式进行了比较："蔡司公司的圆顶所阐释的形象是完全不同的。在这里，形式和构造以自身纯粹的形态示人，外层圆顶所展现的构造体系是一个如水晶般明晰而毫不含糊的形式。"迈尔有意使用了诸如光、投影和水晶等词汇来描述他的建筑，事实上这些都是其内部的蔡司投影系统的一部分。迈尔的设计最终没有被建造出来，但它简洁的线条和抛物线形的圆顶在几年后影响了莫斯科的构成主义天文馆。

鲍尔斯费尔德与瑞士工程师、天文学家瓦尔特·维利热（Walter Villiger）一同设计出了蔡司马克二号投影仪，最终确定的

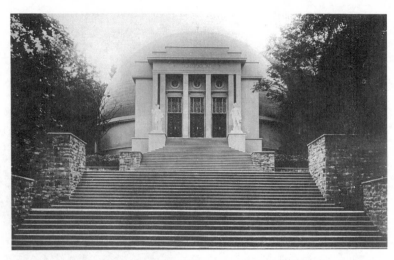

伍珀塔尔（巴门）天文馆，1926 年

机型经过了数次改进，在数十年间被持续供应给世界各地的天文馆。这台性能卓越的机器现在能够投影出身处任意纬度及在过去或未来的任意年份中所能看到的行星和恒星。机身呈哑铃形，带有两组分别用于北半球和南半球投影的恒星球仪和行星投影仪。机器中特制的投影仪可以投影仙女座星系和猎户座星云，太阳投影仪能够改变光线的色调，就连月相和月食都能被表现出来。系统能够完美地模仿夜空中精巧的光效，利用迅速移动的小型投影仪制造出彗星和流星的轨迹。这个强大的"野兽"的实物几乎与它能够产生的灯光效果一样威风，机器被固定在格状横梁组成的框架上，置于带轮子的车架之上，使它在大厅做其他用途时能够被移到一边。除了位于圆顶机械中央、主导着整个房间的壮观的蔡司投影仪以外，其余所有设备都颇为基础。讲解员是天文馆节目中的重要一环，他的角色既是牧师又是教师，他还是演员，因为他在一场其余部分全都由机械出演的节目中加入了人类的存在。讲解员站在木制讲台前，控制着各个投影仪的光线，在必要时加速或放缓节目，并为观众解说眼前的宇宙景象。在引入伴奏音乐前的早期节目中，讲解员的声线是大厅中能听到的唯一声音，因此他讲话的语调和方式对房间内的气氛至关重要。传统木制座围绕着投影仪排成圆圈，坐在上面的观众得把头往后伸才能看到节目。天文馆的内部显然是一种与众不同的空间，具有其自身的特性，当中也上演着极为个性化的演出。

　　天文馆的热潮席卷了德国。在魏玛时期，任何"有头有脸"的城市都必须有个天文馆才行。蔡司公司将25台哑铃形马克二号投影仪投入生产，它们很快被抢购一空。在1926—1930年的短短几年间，德国新建了11座天文馆。第一座开放的天文馆实际上位于巴门，它赶在耶拿公主花园的建筑开放前以极快的速度建成。巴门天文馆再一次令人想起古典庙宇，它的砖石基础之上是一个标准的鲍尔斯费尔德圆顶。天文馆位于城中心的公园，被树木环绕。走上一段长长的阶梯，入口处两侧是两尊雕塑，圆顶最高处放着一个小石球，建筑整体呈现出一种依稀令人有些不安

蔡司马克二号哑铃形投影仪于20世纪20年代的宣传图

的、仿佛是座尊崇某一未知神明的微型神殿的效果。莱比锡、杜塞尔多夫、德累斯顿、柏林、斯图加特、汉堡、汉诺威和曼海姆紧随其后，在这些城市建造的每座天文馆的外观都大不相同。

　　这些早期的德国天文馆没有一个是枯燥无味的，它们几乎全都在对如何将圆顶融合进城市的思考中表现出了极大的创意。在德累斯顿出现了一个新客观主义风格的神庙，由城市建筑师保罗·沃尔夫（Paul Wolf）设计，这位建筑师在后来的职业生涯中似乎毫无阻碍地完成了从古典主义到现代主义的转变，其作品涵盖法西斯时期的纪念碑式建筑以及社会主义时期的大规模城市规划。沃尔夫的第一个设计方案类似于佛罗伦萨主教座堂，带有布鲁内莱斯基式的圆顶，但最终建成的德累斯顿的建筑更为朴实细腻，屋顶上装饰着一颗小型行星模型——这也是后来伦敦天文馆

弗里茨·赫格设计的《汉诺威报》大厦，德国汉诺威，1927—1928 年

消失的行星模型的前身。柏林的城市建筑师们在柏林动物园旁建造了另一座被各种占星术形象的雕塑环绕的小神庙。更雄心勃勃的是汉堡，这座城市在主城市公园一座圆形砖砌的汉萨风格的塔楼顶部建造了一座小塔，这座建于1916年的塔楼曾用于蓄水，如今夜空中的恒星和行星取而代之。到达天文馆需要乘坐电梯，它的旁边就是一个观景台，在那里，参观者能够用真实的夜空与塔中的人造版本进行对比。汉诺威同样选择

了一个天空中的圆顶，位于当地报纸《汉诺威报》（*Hannoverscher Anzeiger*）崭新的砖块表现主义建筑的屋顶上。这栋令人印象深刻的建筑是弗里茨·赫格（Fritz Höger）设计的。赫格还设计了1924年建于汉堡的砖结构智利大楼，他也是缸砖贴面建筑的专家。汉诺威这一建筑精湛的砖工和它的覆铜圆顶是所有新天文馆中最有城市气息的，它展示了圆顶的形状如何融入德国北部时尚又充满活力的建筑群中。

　　新天文馆的建造通常是由市政府发起的。斯图加特的城市建筑师们创造出另一个空中房间。这个投影房间位于主火车站对面兴登堡大厦的高层，只有城市天际线高处点亮的字母拼出的PLANETARIUM（天文馆）一词透露出它的身份。纽伦堡的天文馆也由城市建筑师设计，它是个砖结构的简单鼓形建筑物，其内

威廉·克赖斯设计的德国杜塞尔多夫天文馆，1926 年

蔡司投影仪的星空图像投影，20 世纪 20 年代

部将投影设备提升至二层，使得一层有更多设置座位的空间，战后的许多天文馆延续了这一设计。作为大型贸易博览会"杜塞尔多夫健康护理、社会福利和体育锻炼展览"（GeSoLei，一场当时十分典型的结合了健康、社会福利和体育锻炼的盛大展览）的一部分，杜塞尔多夫出现了一座天文馆。这栋由建筑师威廉·克赖斯（Wilhelm Kreis）设计的建筑是一座以缸砖贴面、混凝土结构的新古典主义英灵神殿①。这是当时世界上最大的天文馆，它的大厅直径达到了30米——这是蔡司投影仪所能覆盖的最大内部空间，并

① 英灵神殿（Valhalla）又译作"瓦尔哈拉"，即北欧神话中的天堂，奥丁在此嘉奖款待英勇阵亡的战士。此处代指天文馆这座与天空连接的建筑。——编者注

能容纳 2 500 名观众。天文馆内部的半球形银幕可以巧妙地升起，露出一个围绕内墙的楼座，在这个空间用于音乐表演时提供更多座位。建筑的一层在科学中加入了运动的进取精神，为一所赛艇学校提供着住宿，桨手们的节拍与上方大厅中行星的轨迹完美相合。

这些最早的天文馆十分受欢迎，人们为了欣赏这一科学和娱乐的崭新结合而如潮水般涌入。耶拿奇迹的名声迅速传开，参观者开始从世界各地赶来。观众们无论老幼，都沉醉在表演的新颖性及教育价值中。在德国，小学生被带来观看星空节目成为家常便饭。

但天文馆必须与电影院竞争，电影院能够每周更换节目并提供各种类型的电影，而天文馆倾向于对同样的内容进行重复展示。天空中的星星不得不与20世纪20年代德国电影奇异的阵容一较高下，这当中包括吸血鬼、杀人犯、发疯的科学家、神秘的女人和百万富翁。几年过后，天文馆的参观者数量开始下降，它开始看起来像是一波即将褪去的短暂热潮。斯图加特的天文学家和天文馆馆长罗伯特·亨泽尔林（Robert Henseling）于1931年写道："能做的都已经做了，天文馆面临着关张的威胁。"同样的牢骚在此后的不同时期多次出现——例如20世纪70年代中期，随着美国与苏联的太空竞赛对大众失去了吸引力，人们对天空的兴趣也消散了；以及20世纪90年代，那时的彩色电视和大制作电影看上去要精彩得多。在刚开业的几周内曾有大量参观者排着长队的德累斯顿天文馆于1933年闭馆，变成了一家电影院。在1933年掌权的纳粹对天文馆这份事业充满了怀疑，据说由于天文馆形似犹太教堂，因此被认为是犹太人阴谋的一部分。由于缺少参观者而被关闭的纽伦堡天文馆，因其装饰着行星雕塑与占星符号的缸砖表面而被大区长官尤利乌斯·施特赖歇尔（Julius Streicher）抨击为"不德国的"，并于1934年被拆毁。

令人难过的是，20世纪20年代的大多数德国天文馆都寿命短暂。它们地处脆弱的市区中心位置，几乎全部在第二次世界大战时盟军的轰炸袭击中被摧毁或严重破坏，只剩下耶拿和汉堡的两座天文馆毫发无伤，从而成为现存的最古老的天文馆。宏伟的杜塞尔多夫天文馆在20世纪70年代得到修复，如今成为一间备受欢迎的音乐厅。20世纪20年代的德国天文馆构成了一组精妙绝伦的建筑，它们位于地面上、塔顶、公园内或附属于动物园，以及作为大型展示会的一部分。这些建筑中没有一个真正比得上鲍尔斯费尔德圆顶的极简主义构造，但它们为之后的天文馆的设计树立了高标准。即便没有几座天文馆在炮火中幸存下来，它们也唤起了对一个全新的建筑类型的热情。这一建筑类型已经在其他国家被接纳，也将在战后的几十年中传遍世界。

众多评论家对天文馆的出现发表了看法，其中不可避免地包括瓦尔特·本亚明（Walter Benjamin）。本亚明出版于1928年的著作《单行道》（*Einbahnstrasse*）是一部基于现代城市中各类元素的警句、事件和观察评论的合集。除了天文馆这种最新的建筑类型外，人们还能期待着在单行道的尽头发现什么呢？这本书以《致天文馆》（Zum Planetarium）一章结尾。柏林天文馆于1927年开放，稍早于这本书的出版，本亚明在出版前的最后一刻在书中加入了这一节。他强调了天文馆内观众与宇宙之间纯光学上的联系，以及天文馆通过模拟取代真实体验的尝试之中的问题：

> 后代几乎无从知晓古人在宇宙体验中的专注，没有什么比这更能区分古人和现代人了。天文学于近代开端的繁荣带走了这种专注。开普勒、哥白尼和第谷·布拉赫绝不仅仅是被科学上的冲动所驱使。天文学很快专注于与宇宙在光学上的连接，这之中包含着对未来的预示。古人与宇宙的交往曾是另一番景象——Rausch（心醉神迷）。仅仅凭借着这一体验，我们得到了有关什么离我们最近、又是什么距我们遥不可及的特定知识，而且这两者密不可分。这意味着人只能集体地与宇宙进行狂热的接触。现代人认为这份体验并不重要、可以被忽略，因而把星夜这种诗意的Schwärmerei（销魂）体验留给个体。这是一个危险的错误。

如果本亚明真的对望远镜之类的观测设备如此反对，那么文艺复兴以来的天文学发现将所剩无几，我们对宇宙的认知也将被简化至仅凭肉眼可见的宇宙的要素。然而，本亚明对天文馆内天穹的人造本质的批判更进一步。Rausch这个词有不止一种含义，通常指一种心醉神迷的恍惚状态，在20世纪20年代也常被用来指代由药物引起的迷醉状态。Schwärmerei意指轻微一些的状态，几乎像是微醺。对本亚明而言，Rausch涉及的强度超越了Schwärmerei的简单遐想，是人类作为宇宙一部分的一种深刻感受。

因此它不能被人工的再现满足，而是需要原本的氛围才能实现。鲍尔斯费尔德在其第一个天文馆的提案中将自然描述为观看星空的场所，但对本亚明来说，自然一词适用于某些比行星的自然形态大得多的事物，它的含义同时被扩展，以适应新的科学思维以及对微观和宇宙世界的阐释。本亚明认为只有通过集体的方式才能体验古代神话中那种关于宇宙的狂喜。他进而提出了创造一个虚拟的光学宇宙（机械复制时代的宇宙）的需求与当时的社会和政治灾难之间的联系，这些灾难在他眼中部分归咎于对科技的过分依赖。本亚明将这种科技与之前第一次世界大战期间可怕的大屠杀中被使用过的战争机器相提并论。在他眼里，自然连同我们与更广阔的宇宙建立联系的能力一并消逝，导致了如今我们与自然世界越发隔绝的困境。尽管有着现代思想家的名声，本亚明对古雅的事物充满喜爱，他这个看似倒退的观点反映出当初奥斯卡·冯·米勒的矛盾——米勒既带来了致使夜空不再可见的电气照明，又提供了充当夜空人造替代品的天文馆。

然而，人们可能也会对如今几乎完全依赖于科技进步的天文学和宇宙学产生怀疑。目前的宇宙观已经远远超过了肉眼所能看到的极限。当神奇的机械偶尔也能制造出骗局和错觉时，我们该如何评判建立在它们精准表现之上的重要发现呢？鲍尔斯费尔德的天文馆仍是个相对简单的机器，依赖于有关太阳系和固定不动的恒星的相当基础的天文学知识，而这在20世纪20年代早期渐渐开始变得过时。1912年，美国亚利桑那州洛厄尔天文台的维斯托·斯里弗（Vesto Slipher）等人观测到了星系的红移，这意味着宇宙在膨胀。1915年，哥廷根天文台的卡尔·施瓦西（Karl Schwarzschild）提出了关于黑洞的第一个理论。1923年，加利福尼亚州威尔逊山天文台的美国天文学家埃德温·哈勃（Edwin Hubble）对银河系之外的星系进行着观测。人们正开始理解膨胀中的宇宙的巨大尺度，而天文馆却暂时满足于以固定的恒星作为背景，停留在我们的太阳系之内。

通过将行星和恒星渲染成光而不是物理对象，强调投影仪的光束而不是周围球壳的材质，鲍尔斯费尔德（当然是在无意之中）向人们传达了一种发展中的宇宙观，即宇宙是非物质化的，它由粒子和波而非物体组成。身处天文馆令人舒适的半球空间内，的确会有一种心醉神迷的感觉——抬头仰望，就能在距离都变得模糊的天穹之下获得奇妙的集体幻觉。

其他评论家认为新兴的天文馆兼具教育和娱乐意义。"在一个电影已经牢牢抓住了我们人类的心和想象力的时代，"曾担任耶拿天文馆初期节目的解说员的瓦尔特·维利热在《蔡司天文馆》（*Das Zeiss-Planetarium*，1926）一书中写道，"无法成为星际移民在太空中漫游的我们，希望借助星空剧院的资源，将试图了解的事物带到自身目力所及的范围内，任何人都不应该对此感到惊讶。"而第一个圆顶的早期参观者、哥本哈根天文台台长埃利斯·斯特伦格伦（Elis Strömgren）写道："它同时是学校、剧场和电影院，它是天穹下的课堂，是以天体为演员的戏剧。"传授知识却不那么有趣的学校、放飞美梦及想象的电影院和剧场，天文馆兼具这三者看似不可能同时实现的功能。经常被认为十分枯燥乏味的天文学，在这里发展出了与娱乐产业的连接，制作着能与电影院中的流行娱乐相匹敌的节目。在不计其数的科幻电影中，夜空总是惊险奇遇发生的地方。

一旦灯光暗下来，观众的眼睛适应了黑暗和逐渐出现的星光，圆顶的效果就会使观众失去距离感，营造他们正处于一个大得多的空间中的假象。除此之外，耶拿天文馆还为它的观众制造出身在一个旋转着的行星表面的幻觉。鲍尔斯费尔德本人如此形容当投影出的天空开始转动时观众所感受到的效果：

当行星每日的自转开始，天空中固定的恒星开始绕着极轴缓慢旋转，另一种幻境出现在观众眼前，尤其是在运动刚开始的时候。在漆黑的房间里，人们更加倾向于将运动的原因归结于脚下的地面，而不是圆顶上闪烁的星辰。

拉斯洛·莫霍伊-纳吉的黑影照片，1925 年

通过与在电影院中不同的方式，观众被带离他们的日常生活，并得到一种身处陌生场景的、出人意料的体验。

魏玛时期德国的天文馆热同样在艺术圈中引起了相当大的兴趣。蔡司屋顶天文馆的首批参观者包括了当时位于魏玛、距离耶拿仅40千米的包豪斯的教师和学生。领队的是建筑师沃尔特·格罗皮乌斯（Walter Gropius）和匈牙利艺术家拉斯洛·莫霍伊–纳吉，两人后来都在包豪斯时期的艺术倾向、其对非物质性的关注及鲍尔斯费尔德的发明间找到了自然的联系。

沃尔特·格罗皮乌斯重新思考了戏剧表演，使其脱离舞台与物理场景的传统布景，转向更为短暂无常的氛围。格罗皮乌斯与舞台设计师奥斯卡·施莱默（Oskar Schlemmer）一起对彩色灯光投影和机械芭蕾舞剧展开了试验。格罗皮乌斯在《现代剧院建筑》（*Vom Modernen Theaterbau*）中这样描写包豪斯剧场：

> 这里有可以打造云朵、星辰的图像和抽象灯光表演的云仪。由于缺乏光线而黯淡的投影空间，借助投射光的效果成为一个幻境空间和一个舞台实验的秀场。

星辰的图像和抽象灯光表演——这或许是在描写鲍尔斯费尔德圆顶中的表演。这个圆顶被称为星空剧院绝非巧合，而天文学家本特·斯特伦格伦（Bengt Strömgren）也曾诗意地将星辰称作演员。鲍尔斯费尔德在某种程度上无意中为天文学实现了格罗皮乌斯试图以戏剧达成的效果。

屋顶天文馆的影响进一步深入艺术世界。与格罗皮乌斯在耶拿之旅中同行的拉斯洛·莫霍伊–纳吉对屋顶天文馆轻量化的建造技术和从几乎非物质的结构中创造出建筑的潜力着了迷。他从鲍尔斯费尔德的网架中看到了一种新型建筑的潜力，并将一张永久性蔡司天文馆的钢制网架照片收入《从材料到建筑》（*Von Material zu Architektur*，1929）一书中。照片从下方仰望天文馆圆顶的短程线结构，12位建筑工人的身影悬在空中，展现了一个没有任何传统承重元件的极简骨架建筑。这些在天空背景上被缩小成黑影的人形被看似二维的细线所组成的网格裹住。这一效果与包豪斯学派的绘画十分相似，例如在奥斯卡·施莱默的画作中，力场线从人物形象中发散出来，仿佛这些人物被自身运动的模式所产生的力场围绕一般。莫霍伊–纳吉的书中的其他照片展示了夜空为由光构成的建筑带来的灵感。"光是边界区域，"他在星辰的图像旁写道，"它创造出体积和空间。"莫霍伊–纳吉对光创造出的形态产生的兴趣延伸到他创作的众多黑影照片之中，这些照片都是他在20世纪20年代第一座天文馆的建造前后所创作的。在他参观了耶拿的屋顶后，照片明显变得更空灵了。例如在1925年的一张照片中，一个白色的、略显朦胧的行星似的图案浮现在黑暗的背景上。在1930年的另一张照片中，一组黑色的圆圈悬浮在另一个更大的圆圈上，形成一簇看似被大圆圈的旋转吸引向内的投影。这些黑影照片中有许多令人联想到天空中快速移动的物体所发出的隐约光亮，并且有种天文馆内移动的灯光的感觉。它们结合了另一种能够揭示看不见的物体的技术——X射线。

　　伟大的蔡司投影仪影响了莫霍伊–纳吉著名的"光调节器"（1930），这个仪器由各种金属网和机械组成，光能够从中投射过去。它是一个带有艺术（而非科学）使命的蔡司投影仪，制造出一个早期版本的灯光表演，以光代替实体材料作为艺术和建筑的原料。几年后，莫霍伊–纳吉用他的机器所创造出的光影效果制作了一部影片《黑–白–灰的灯光秀》（*Lichtspiel Schwarz-Weiss-*

Grau），影片中被照亮的形状和结构闪烁着，互相环绕、旋转，几乎是20世纪30年代很快出现在科幻电影中的特效的试验版。这些黑影照片和影片通常利用日常物件制作的，将一种日常而细微的感觉与天文馆中所暗示的无垠空间结合起来。鲍尔斯费尔德的部分遗产通过莫霍伊–纳吉的作品，从纯粹的科学展示进入当代艺术的灯光表演和装置当中。鲍尔斯费尔德的蔡司系统是一套不断追求精确的投影系统，其中代表着恒星和行星的光点在技术上被尽可能清晰地呈现；与之相反，莫霍伊–纳吉展示了一种有意为之的模糊和缺乏焦点，其作品中发光的形状边缘模糊不清，有时令人无法确定地区分前景与背景。艺术可以在科学必须精确之处自由发挥，但莫霍伊–纳吉的作品或许更加接近真实的景象——人们看到的物体从来不是绝对清晰的，尤其对夜空而言，大气的层次制造出了浮动变幻的微光。

　　天文馆对其他艺术家同样产生了影响，与他们对描绘恒星和行星这一原本就存在的兴趣联系起来。1931年，曼·雷（Man Ray）制作了一张带电动开关的行星的凹版相片，就像行星能被打开和关上一样。作品本就与机械剧院有关的美国雕塑家亚历山大·考尔德（Alexander Calder）在20世纪20年代后期居住于巴黎，他创作了一系列基于球体和圆形主题的艺术品，令人想到极简主义的太阳系仪。考尔德在1929年去过柏林，或许也看到了新的天文馆。考尔德不仅仅喜爱行星稳定的轨迹，也热衷于天文馆投影仪出人意料地制造出的不规则运动，他自己版本的宇宙中充斥着这种意想不到的运动。考尔德后来在题为《抽象艺术对我意味着什么》（What Abstract Art Means to Me，1951）的文章中写道：

> 我的作品中蕴含的形态感来自宇宙系统……独自飘浮在太空中的物体有着不同的大小和密度，或许也有着不同的颜色和温度，周围环绕和点缀着一团团气体。它们中的一些静止不动，而另一些以奇特的方式运动着。这些在我看来是形态的理想来源……对我来说，天文馆里的机器为了解释自身的运行原理而快速运转的时刻相当令人激动：行星循着一条直线运动，随后突然朝一个方向绕了整整一周，又再次朝着原本的方向沿直线运行。

考尔德将之前对马戏团里杂技演员的平衡把戏的兴趣转移到了天体之间的引力上，这一体系令天体保持着彼此间的平衡。《球体内的两个球体》（*Two Spheres within a Sphere*）和《平衡环上的黑点》（*Black Spot on Gimbals*）均创作于1931年，以金属丝表现出被引力系统捕获的实心行星，《一个宇宙》（*A Universe*，1934）则是由弯曲金属丝、一颗红色小球和一颗白色小球所组成的雕塑，小球由马达驱动，缓慢地运动着。据传阿尔伯特·爱因斯坦曾经长时间观察这些小球的运动，或许是思考着它们之间的相对运动。比起鲍尔斯费尔德的灯光表演，考尔德这些早期作品中的行星模型更像是奥斯卡·冯·米勒的天文馆，但创作这些装置的灵感源自一种对天文学更广泛的迷恋，与天文馆的发展并行。

而鲍尔斯费尔德本人——这个创造了私有天穹的男人，他是个什么样的人？鲍尔斯费尔德活在他伟大发明的影子里，如今已鲜为人知。他是个技术官僚①，也是位经历过困难生活的梦想家。于1879年生于柏林的鲍尔斯费尔德是一位鞋匠的儿子，他曾经的生活环境相当贫困。当他还是个小男孩的时候，鲍尔斯费尔德梦想成为一名天文学家，但他后来接受了成为机械技师的训练。作为一名受雇于蔡司公司的车间技师，鲍尔斯费尔德最初做着镜片制造的工作，后来进行与电影投影仪和光学设备有关的工作，他以对精巧机械的专长著称。这些技能综合起来使他能够着手对天文馆投影仪进行设计——这份工作需要关于镜片和照明的知识、改进精巧的活动部件的能力，以及对将二维图像转移到三维圆顶上这一过程的理解。在1925年的一张照片中，鲍尔斯费尔德倚墙而立，身着优雅的长外套，与妻子伊丽莎白以及5个女儿和三个儿子组成的大家庭在一起。他显然已经从一名实验室技师得到了晋升。在他摄于20世纪20年代后期的照片里，我们能看到一个备受尊敬的男人，貌不出众，得体地穿着深色的三件套西装。鲍尔斯费尔德出现在蔡司公司档案里的许多团体照之中，但在同事间从不出众。20世纪30年代，一些阴影开始显现。纳粹的崛起带来的政治变化意味着重要公司的主管者不能再保持中立。作为蔡司公司的三位主管之一，鲍尔斯费尔德开始出现在身穿制服的纳粹分子身旁，周围环绕着万字旗——他甚至抬起手臂行纳粹礼。鲍尔斯费尔德在1937年成为纳粹党的成员，或许是出于信仰，或许是

---

① 技术官僚（technocrat）通常指有专业技术背景的官员。——编者注

蔡司宣传海报，20世纪40年代

身处公司高位的必要之举。

尽管纳粹对控制天空充满了渴望，但他们对天文馆却没什么兴趣——纳粹在控制德国期间没有兴建任何天文馆。随着德国的政治环境变得压抑，大众对天文馆里的展示的热情逐渐褪去。但鲍尔斯费尔德投影系统的影响可以在阿尔贝特·施佩尔（Albert Speer）设计的光之教堂中看到——在1934年纽伦堡党代会上，152个探照灯向上对准天空，组成一面光墙。像在天文馆里一样，光线被向上投影，但这次，它被投射到真正的而非人造的天空中，为了达到政治上的而非科学性的目的，面向的也是一群因政治热情聚集在一起而不是为寻求娱乐的大众。之后的变化将探照灯的光线汇聚到观众头顶上方的一处。"它创造出的感觉，"施佩尔在他的自传中写道，"就像是一个巨大的房间，这些光束充当着雄伟的支柱，支撑着无比轻薄的外墙。"

蔡司公司的生产逐渐地转向武器相关的光学领域，如炸弹和枪械的瞄准技术及追踪设备等。由于人手不足，大量囚犯和强制劳动者被迫参与，以维持工厂运转。鲍尔斯费尔德作为蔡司公司的主管有责任监督这些被奴役的劳动力。他以人工投影创造出的夜空，在20世纪40年代早期成为盟军轰炸机对准的目标，为德国城市带来了毁灭——其中一部分还是蔡司公司的探照灯照亮，被毁的还包括大部分具有脆弱的圆顶的天文馆。在战争结束时，美军抵达耶拿并接管了蔡司公司的产业，随后这座城市短暂地成为苏联控制区的一部分。与蔡司公司大部分主管和高级科学家一道，鲍尔斯费尔德很快被捕，之后尽管提出了抗议，他仍被遣至德国西南部美国控制区内的海登海姆（位于布伦茨河畔）。美国人在附近的上科亨市将蔡司公司作为一个联邦德国的公司重建，以制造高质量的光学设备。这个时期的照片显示，鲍尔斯费尔德已经成了一位老人，他仍然穿着同样的深色三件套西装，在斯瓦比亚餐厅的正式宴席间坐在其他蔡司公司的高管当中。在他的70岁生日当天，鲍尔斯费尔德还切着多层蛋糕，上面写着一个大大的W。这一位备受尊重但基本已被遗忘的人物于1959年去世。尽管如此，伟大的哑铃形投影仪仍继续投射出光束，它们投影出的行星在夜空中穿行，而由精巧的镜片所打造的闪烁的彗星——它们常常被认为与某些稍带威胁的事件相关——快速地掠过鲍尔斯费尔德发明的绝妙圆顶。

第三章

天文馆在东西方的发展

星空剧院大获成功。远道而来的参观者中不仅有美国的富商、苏联的革命者，还有阿根廷的教授、斯堪的纳维亚的天文学家，甚至有法国的作家和艺术家，以及日本的政客。耶拿奇迹在德国大受好评后，天文馆的名声迅速传播开来，这些参观者不远万里前往德国亲身体验这种新型的人造天空。

　　欧洲、美国和亚洲的一些城市建造了它们自己的天文馆，除了少数几个特例之外，这些天文馆中的大多数均使用了瓦尔特·鲍尔斯费尔德和瓦尔特·维利热设计的蔡司马克二号哑铃形投影仪来展现南北半球。这一型号的投影仪在20世纪20年代不断得到改进，以便投影出更多恒星及更特别的效果。1927年，在维也纳普拉特游乐场附近建起了一个临时的木建筑。1928年，罗马戴克里先浴场的八角堂内建造了一个天文馆圆顶。在当时的意大利文化中，这处罗马帝国的古典废墟被认为是研究新的天空帝国的绝佳地点。1929年，莫斯科、斯德哥尔摩、米兰和芝加哥纷纷建立了天文馆，在芝加哥建成的天文馆是美国的第一座。1930年，一栋永久建筑在维也纳建成，它重新利用了临时结构里用到的投影仪。1933年，费城紧随其后，接着是1934年的海牙，然

后在1935年，布鲁塞尔、洛杉矶
和纽约也建立了自己的天文馆。
1936年，奇异的圣何塞玫瑰十字
会天文馆开馆。巴黎于1937年在
发现宫之中设置了一座天文馆。
亚洲最早的两座天文馆分别于
1937年和1938年在大阪和东京开
馆。匹兹堡在1939年建成的天文
馆为这一系列事件画上了句号。
在此之后，建造天文馆的风潮被
第二次世界大战打断，停滞了超
过十年，那段时间的天空中缺少
了一份往日的和平。

莫斯科天文馆里的学童和天球仪，20世纪
50年代

　　上述天文馆中的一部分，例如位于巴黎、罗马和费城的几座，
都只是在现有建筑中设置了半球形银幕，并没有独立的建筑外观。
其他一些，例如在大阪和东京的天文馆则遵循了耶拿的传统，在
屋顶上设置圆顶，但也因此缺乏自身独特的建筑特征。另外还有
很多天文馆是独立的建筑，需要其特有的建筑形态。这种形态的
性质各不相同，造就了一系列迷人而多样化的建筑，反映出委托
建造者的关注点以及建筑所在地的社会和政治背景。所有这些天
文馆中，最具挑战性，也在很多方面最有趣的是于1929年开馆的
社会主义政府领导下的莫斯科天文馆。莫斯科天文馆的理想主义
与20世纪30年代出于各种各样的目的建成的一系列美国天文馆形

成了鲜明对比。

在苏联解体前的几十年，莫斯科的天空中矗立着太空计划的三个标志——火箭、太空人①和红星。火箭如今仍立在于1964年建成的太空征服者纪念碑碑顶。这是和平大道站旁一个110米高的钛制雕塑，太空人小径通向它的底部。而太空人尤里·加加林（Yuri Gagarin）的雕像位于列宁大道一个30米高的柱子上，雕像的双手以经典的超级英雄般的姿势向后伸着，就像是即将向上冲入平流层一样。这两个纪念碑不仅回顾了苏联的太空探索时期，也展望着未来行星探测器和空间站的时代。红星既代表天文学，又是社会主义的标志，它早于史诗般的太空飞行时代出现，一度被立在位于萨多瓦亚-库德林斯卡亚街上的莫斯科天文馆的圆顶顶端。

这座天文馆处于政治、工程、时尚、戏剧、天文学、太空探索和宗教产生的影响的交汇之处，而这些因素也彼此影响着。它是构成主义风格的建筑中最晚建成的之一，因而既回溯着苏联社会形成之初的最初热情，同时又预示着之后几十年的艰难岁月。

无论鲍尔斯费尔德设计的投影仪能够进行如何富有创意的演示，在莫斯科建一座天文馆绝不仅仅是为了阐释性地展示行星和恒星的运动。俄罗斯对宇宙有一种长久而多元的观念，混合了科学、神秘主义、诺斯替教、对超越纯粹物质的世界的信仰及对这个国家注定要探索行星乃至宇宙深处的预感。宇宙主义理论的创始者、19世纪作家尼古拉·费奥多罗夫（Nikolai Fyodorov）提出，

---

① "太空人"（cosmonaut）是苏联对宇航员的称呼。——译者注

逝者体内的原子散落在宇宙各处，因此应当采取一些措施来复活死者，这之后他们可以去其他行星上生活——因为地球上没有足够的空间供他们居住。这一星际复生的主题后来渗透到苏联的科幻作品中，例如在安德烈·塔尔科夫斯基（Andrei Tarkovsky）的电影《飞向太空》（*Solaris*，1972）中，死去的人重新出现在一个水生星球上空的太空船里。费奥多罗夫同样启发了俄罗斯星际航行的早期想法。俄罗斯首位火箭设计师康斯坦丁·齐奥尔科夫斯基（Konstantin Tsiolkovsky）在沙皇时代就已经推导出了有关逃离地球大气所需的引擎推力的基本公式，他也是费奥多罗夫的追随者。齐奥尔科夫斯基制作了最早的火箭和飞艇模型，他沉迷于宇宙的组成等复杂而半神秘的理论，还创作了俄罗斯宇宙探险家在其他行星上遇到外星人的科幻小说。齐奥尔科夫斯基是个相当古怪的人——照片里的他留着飘逸的长发，在四周火箭和飞艇的围绕中举着助听筒，仿佛要探测远处的声音。

　　早期的俄罗斯科幻作家描绘了即将到来的星际飞行时代。亚历山大·波格丹诺夫（Alexander Bogdanov）在《红星》（*Red Star*，1908）中描写了最著名的那颗红色星球——火星，以及居住在这颗行星上的一个热衷于与俄罗斯人交往的和善种族。阿列克谢·托尔斯泰（Aleksei Tolstoy）的中篇小说《阿埃莉塔》（*Aelita*，1923）创作于一个红色本身就带有政治意义的年代。它讲述了两位苏联太空人到访火星的故事，两人发现那里的人民被腐败的统治者和牧师支配和奴役着，并在一场1917年式的革命中向受奴役的人们提供了帮助，而这一切都因为领头的太空人爱上了火星女王而变

莫斯科天文馆外观，1929 年

得稍微有些复杂起来。《阿埃莉塔》在1924年被雅科夫·普罗塔扎诺夫（Yakov Protazanov）拍成了一部非常受欢迎的精彩影片，片中出现了许多受构成主义启发的出色布景。

20世纪20年代，拥有大量成员的社团在莫斯科成立，以推广苏联的飞行计划。苏联对一切与行星相关的事物所具有的普遍热情自然地导向建造一座天文馆的需求。魏玛德国和苏联之间有着密切的交流，它们都认为自己能建立基于一种广泛的流行文化的新世界，而在20世纪20年代的这两个国家也都有高度进步的艺术、戏剧和电影运动。有关鲍尔斯费尔德的发明的传闻迅速传遍了莫斯科。达维德·梁赞诺夫（David Riazanov）是列夫·托洛茨基（Leon Trotsky）在被流放时的伙伴和战友，也是马克思–恩格斯研究院的院长，该机构专注于苏维埃哲学和历史的研究。梁赞诺夫于1926年提议建设一座天文馆。这栋建筑原计划作为一个包含动物园、博物馆和图书馆在内的大型综合科学空间的一部分，以例证纯科学的新兴力量。进化的历程将在动物园里呈现，而宇宙的时间尺度则是在天文馆中展示，两者均与名声扫地的俄罗斯东正教会的传统宗教历史相对立。梁赞诺夫前往德国参观了许多天文馆，并委托鲍尔斯费尔德和工程师弗朗茨·迪申格在莫斯科建造一座天文馆。鲍尔斯费尔德和迪申格拥有苏联所缺少的技能——制造投影仪的技术和建筑铁丝网水泥圆顶的工程专长。有了这两者，轻型结构和光线投影能够结合，以最少的材料打造新时代的建筑。莫斯科天文馆在设计尺寸上颇具野心，其内径长达27米，可为1 440名观众提供座位。鲍尔斯费尔德提供了最新型号的蔡司哑铃形投影仪，它能投影出8 956颗恒星并切换投影点至不同的纬度——这对领土广阔的苏联而言是十分有用的功能。

　　天文馆的建筑设计归功于两位年轻的苏联建筑师——米哈伊尔·巴尔希（Mikhail Barshch）和米哈伊尔·西尼亚夫斯基（Mikhail Sinyavsky），它的建筑风格通常被归为构成主义，尽管构成主义包含为数众多的不同形式，且通常与现代主义差不多。两位建筑师均出身于列宁在1920年创立的莫斯科高等艺术暨技术学院，他们谙熟如何对革命前的时期遗留下的风格进行不拘一格的混搭。这座天文馆是这对建筑师搭档共同完成的第一栋也是唯一一栋建筑。在当时一张看起来像是拍摄于夜间的照片中，建筑团队正在攀爬固定在圆顶外的工程梯，巴尔希在最前面，像是要领着他的同事们到天上去一样。后来当被问到他们是如何获得这一颇有影响力的委托时，巴尔希回应道，当时在莫斯科没有人知道天文馆是什么——它被推断为某种儿童玩具，因此更为资深的建筑师对这个项目并不感兴趣。

　　基于这些原因，莫斯科天文馆将德国的光学和工程技术与苏联的现代主义建筑结合起来，前两者决定了建筑物的基本布局，后者则提供了特定的外部形态。它建造于革命时代的实验文化行将结束之时，而在斯大林时代的初期，现代主义和传统形式的结合成为官方风格。事实上，天文馆的一系列设计在现代和传统间举棋不定。巴尔希和西尼亚夫斯基的一版中期设计提出了一个带有希腊式圆柱的新古典主义门廊，在回溯革命前的建筑的同时也预示着后来的发展，使人联想起耶拿公园的新古典主义天文馆。这一设计后来被实际建成的简洁明了的结构所取代，但它作为一个未被实现的幻影始终徘徊在这个项目中。在那一时期的永久性的天文馆中，只有莫斯科的这栋建筑真正展现了毫不妥协的现代主义主张。

　　莫斯科天文馆的大部分设计是由蔡司投影系统的技术要求所决定的。建筑共有三层：地下室，一层的入口、大厅和一组用以支撑上层结构的径向门式刚架，以及二楼的主投影厅。额外的服务空间需要被纳入其中，因此4组结构从中间的圆形主体向四周投射出来——入口及其纵向弯曲的墙壁、用于存放投影仪的空间、以玻璃包围着的优雅的螺旋阶梯，以及员工办公室。这四块凸出的空间创造出了一个动态的平面图——它既是圆形的，又从中心向外围延伸。

以铁丝网水泥建造的外部圆顶被赋予了相当少见的抛物面形态。事实上，这是唯一建成的天文馆的抛物面圆顶。圆顶顶部只有8厘米厚，底部也只有12厘米厚，其外壳厚度和内部体积[①]之比达到了1∶280，比蛋壳和蛋的比率还小。圆顶由钢条框架制成，依木质模板铺设，再以混凝土喷涂其上。由于莫斯科水泥材料的短缺，一种由磨碎的蛤壳制成的替代品被使用，其化学成分与水泥大致相同。出于某些原因，在位于内陆的莫斯科可以获得这种材料。圆顶的绝热层是一层苔藓。人们用来自海洋和陆地的材料制成了这人造的天空，然后以进口自德国的铝板覆盖在外。

在德国有抛物面圆顶的先例：未被建造的迈尔天文馆的圆顶和布鲁诺·陶特（Bruno Taut）为1914年德意志制造联盟展在科隆建造的玻璃亭——后者被德国作家保罗·舍尔巴尔特（Paul Scheerbart）描述为使人能"凝望月光和星光"。但莫斯科天文馆的抛物面圆顶也受到了其他来自苏联的影响。米哈伊尔·巴尔希曾游览过苏联的亚洲部分，并对清真寺圆顶形式的多样性产生了兴趣——其中有一些圆顶就是抛物面形的。彼时抛物面圆顶开始在莫斯科流行，出现在伊万·列昂尼多夫（Ivan Leonidov）为"新社交型俱乐部"构想的项目（1928）和莫伊谢伊·金茨堡（Moisei Ginzburg）为苏维埃宫设计但未得到建造的方案（1913）中。从外观上看，这座天文馆像是个盛着巨大鸡蛋的圆柱形蛋杯——这对

———————————

① 原文如此。——译者注

俄罗斯复活节（重生和复活之时）的庆祝具有特殊意义。将太阳每日升起与灵魂的重生相联系这一主题，能够一直追溯到埃及女神努特的画像。圆顶最高处的红星无可避免地令人想起俄罗斯传统洋葱形圆顶上的星星。不必深究这些影响中的哪一个是决定性的，一栋建筑可能受到各种因素的影响，有些源头甚至是相互矛盾的。

　　某些早期苏联艺术家，例如卡济米尔·马列维奇（Kazimir Malevich）创作的主题之一是对物体的消除及以抽象形状和动态线条对物体的替代。莫斯科天文馆可以被看作由各种动态组合构造而成。在它的剖面图中，外部圆顶的抛物线从内部投影银幕的半圆上升起，抛物线描绘着行星运动的椭圆形轨迹的轮廓，而半圆则关乎更古老的完美天球的概念。位于一层的径向门式刚架中的曲线和入口顶罩处的抛物线片段呼应着这些线条，建筑的整个剖面都由动感的弯曲线条组成。与此同时，天文馆的圆形平面图是基于圆周和离心运动的设计：圆形大厅的弧线被向外甩出的4组结构所平衡，其中包括在玻璃圆柱中盘旋而上的优雅阶梯。建筑上的动态决定了参观者的运

莫斯科天文馆的楼梯

动——他们经由弯曲的入口进入建筑，沿着从门厅中心向外辐射的门架兜转，然后从围绕着建筑的楼梯向上直到投影大厅。在此之上还可以加入蔡司投影仪创造出的行星运动的线条。建筑的圆顶仿佛消失了，参观者的头顶只剩下一片夜空，这种幻觉使天文馆最终达到了非实体化的效果。

1927年，建筑杂志《当代建筑》（*Sovremennaya Arkhitektura*）的主编和构成主义理论家阿列克谢·加恩（Aleksei Gan）公布了天文馆最初版本的图纸，称它是传统俄罗斯剧院和东正教会的传承者：

> 迄今为止，剧院不过是致力于为教会仪式服务的建筑物。这仪式如何进行、信奉何种宗教并不重要……我们的剧院必须是不同的，它应当引导观众热爱科学。天文馆是一座光学的剧院，也是剧院形式中的一种。在这里，人们并不表演，而是操作复杂的技术设备。在这个剧院中，一切都是机械化的……所以服务于教会的剧院转而服务于科学。在这个剧院中，人类利用机械装置将自身的感知延伸，从而看到天体运动中最为复杂的机制。这将帮助他们形成对世界的科学理解，同时将自身从对神父的盲目崇拜和成见以及欧洲文明里的伪科学中解放出来。我们需要为这一剧院创造新的建筑。

对加恩来说，革命前的传统剧院不过是为某种宗教仪式服务的场所，而在天文馆中即将诞生弗谢沃洛德·迈尔霍尔德（Vsevolod Meyerhold）和柳博芙·波波娃（Lyubov Popova）所提出的戏剧表演最为精致的版本，这种表演中不存在叙述，演员们以精确的模式移动，而布景变成了承载这些运动的巨大机器。但到了1927年，随着原本的新戏剧热潮退去，苏联的实验戏剧表演已经成了过去的一部分。对那些像加恩一样仍在期待着重新唤起早先热情的人而言，天文馆提供了一次新的机会。它的形态令人想到一座神庙，观众虔诚地坐在里面，等待着天空的奥秘于圆顶内部揭示——这是东正教教堂中悬挂凝视着下方众人的上帝的大幅画像的传统位置。

苏联文化先锋派的其他成员也对天文馆着了迷。亚历山大·罗琴科（Alexander Rodchenko）多次参观这栋建筑，并以他特有的风格拍摄了一系列照片。罗琴科将相机倾斜一定的角度，为图像营造一种不稳定感，就像是地球的表面不知何故偏离了地轴一样。他记录下了雪中的圆顶、蔡司投影仪、从建筑上延伸出的服务区，以及一位戴着布帽走下螺旋阶梯的人——他拍摄的舒霍夫塔的照片中也有一个相似的形象。这些照片中的一部分出现在加恩发表在《当代建筑》的文章中。罗琴科在其自传《黑与白》（*Black and White*，1939）中写道：

> 一座天文馆出现在莫斯科
>
> 这是个庞大而奇妙的设施
>
> 是幻想的实现
>
> 它由黑色的金属和玻璃制成
>
> 形态不像任何活物

它被叫作火星人……

它令人一再寻觅一种奇妙的现实

抑或是现实中的奇幻

从全新的角度，从不同的试点，以崭新的形式

展现一个人们还未学会如何看到的世界

在这里，天文馆与"红色行星"火星、幻想中的外星人——H. G. 韦尔斯（H. G. Wells）的小说《星际战争》（*War of the Worlds*）在俄罗斯非常流行——以及新的生命形式联系起来。罗琴科指出摄影师与天文馆这两者的任务是相关的。天文馆提供了一种前所未见的面向宇宙的新视野，而这启发了他以一种全新的方式透过相机镜头观察并拍摄，揭示之前未察觉到的日常生活的方方面面。

罗琴科亲密的同事和朋友、诗人弗拉基米尔·马雅可夫斯基（Vladimir Mayakovsky）也同样将天文馆视作革命建筑。他可能与罗琴科同时参观了天文馆。马雅可夫斯基也是一位迷人的苏联早期人物，有时太过独特而让人难以捉摸，而在另一些时候，他更像是这个国家中的某种"小流氓"。在他1930年自杀前不久创作的最后一批诗歌中，马雅可夫斯基以其特有的个人主义语法宣示道：

无产阶级的女人

无产阶级的男人

来天文馆吧

进来

听听这热闹的喧哗

在报告厅中

观众坐着等待天空被展现

天空总管来了

天空领域的专家很重要

他来了

推动、旋转着这数百万个天体

　　无产阶级大众似乎被注入了某种看不到的来自天体的力量。那位"天空总管"——控制着投影仪的解说员——在马雅可夫斯基笔下成了科学家、神父、巫师和剧场导演的结合体。如同往常那样，马雅可夫斯基对社会主义新世界的支持带有一丝神秘主义的色调：天文馆的目的是教育民众，但它也是神秘而奇幻的。投影仪能够加速时间，召唤浩瀚的宇宙空间，并随意将视点移动到远方。它是重新唤起正在衰退的革命冲动的恰当机制。

　　来到莫斯科天文馆观看对行星和恒星轨道的科学性演示的人们明白，这些节目同样是在激励苏联人民未来向太空扩张的。天文馆的大堂中醒目地展示着齐奥尔科夫斯基的火箭模型，旁边是苏联探索其他行星的图画。入口旁放置了两个火箭来模仿门柱，仿佛在表达建筑和火箭科学也能够被结合。莫斯科奇幻剧院在20世纪40年代早期上演了有关哥白尼、焦尔达诺·布鲁诺（Giordano Bruno）和伽利略的剧目。20世纪60年代早期，天文馆一层的大厅中展示了在尤里·加加林执行太空任务前不久载着太空犬兹韦兹多卡（Zvezdochka）发射的球形东方号3KA-2等苏联太空飞船。1957年，天文馆在一层立起了一个巨大的球体，上面绘有正在地球上方变轨的伴侣号人造地球卫星，希望参观者受到苏联太空计划在地球大气层之外逐步扩张的鼓舞。天文馆在20世纪60年代初期被用于向未来的太空人展示太阳系的运动，其中一些人，比如加加林，在之后会回到这里向听众讲述他们的经历。天文馆就这样与苏联太空项目的早期成就联系起来，它是莫斯科市内有形的标志，展现着苏联科技相对其西方竞争对手所取得的成功。

莫斯科天文馆后期的故事折射出苏联的命运。它在斯大林时代建成，屋顶被放上了一颗并不属于原本设计的红星。在某一时段，天文馆的外墙全部被刷成了亮蓝色，就像是在否定它与20世纪20年代白色现代主义的关系；弯曲的入口门廊也被移除了。20世纪40年代早期的一张照片显示，天文馆的建筑已然处于衰败的状态，四周布满准备好向天空开火（而不是对它进行探索）的防空炮。战后苏联的太空计划为天文馆提供了一份全新的使命，它经过翻新，在1970年换上了当时最先进的新型蔡司投影仪，从而再次成为莫斯科市内的一处热门景点。

到了1987年，虽然天文馆已经被列为历史文物，但由于苏联的解体，这栋建筑很快成了那一段动荡时期的牺牲品。随着政治体系的改变，屋顶的红星被移除，换上了俄罗斯国旗，整个机构也被私有化。天文馆所在的区域是一处富裕的住宅区，其他房地产开发商纷纷试图通过各种合法或非法的手段取得它的所有权。武装暴徒洗劫了整栋建筑并对员工进行威胁，门厅里的一部分物品也被偷走了——其中一部分至今不知所踪，剩下的物品则被忠心的员工藏了起来。最终，这片土地被卖给了一家开发公司。在一段充斥着政治斗争、法官的腐败和破产的时期，这栋建筑关闭了几年。然而，随着俄罗斯国家经济的振兴，再加上公众对和平号空间站和国际空间站展现出的迎接俄罗斯太空探索新时代的热情，最终这座天文馆得到了重建。就像在美国和欧洲那样，早期的天文馆被认为已经过时，20世纪末的俄罗斯人发现莫斯科天文馆已不再与他们对宇宙的雄心壮志相匹配。新的设计规划了一个四层楼高的大规模的天文博物馆，当中不仅能容纳天文馆，还有电影院、讲堂、博物馆展览和教育性展示。旧天文馆建筑的绝大部分被拆除——这一举措引起了争议，只有圆顶、门架和一些细微的元素被保存下来。原始结构的其余部分被重建，当重新建成的天文馆最终出现在新博物馆建筑顶上时，整个建筑比从前高了足足6米。如今矗立在那里的建筑看上去与它的前身有些相似，但已经失去了当初的氛围。

2011年，配备了最新蔡司数字投影仪的新天文馆面向公众开放。如今这个建筑物成了一个建筑群的一部分，这里有一个小公园，里面是一组与天文相关的物件，还有两个小天文台、巨石阵和斋浦尔的模型以及玻璃金字塔和球体。这片区域展示了更宽泛意义上的天文学，而不仅仅限于俄罗斯主题。由于国际空间站的存在，俄罗斯人探索太空的展望延续至今，它近来显现出复兴的迹象——弗拉基米尔·普京宣称对太空的探索将再一次成为俄罗斯民族的使命。

　　在天文馆大获成功后，米哈伊尔·巴尔希在苏联开始了他成功而漫长的职业生涯。他的设计囊括了前卫的住房设计和斯大林时代的新古典主义项目，在适应那个时期严格限制的同时又带有独特的个人主义风格。在他人生中的最后几年，巴尔希是太空征服者纪念碑的建筑师之一，纪念碑上冲向天空的火箭和向太空计划的成果致敬的新博物馆呼应着他早期在苏联火箭科学刚刚起步时设计的建筑。这两者都仰望着等待太空人去探索的天空。

　　在阿列克谢·托尔斯泰的《阿埃莉塔》的开篇，蛋形的宇宙飞船在开始它速度惊人的火星之旅前，飞到了城市上空几米处。莫斯科天文馆的蛋形圆顶在重建和恢复的过程中也被升起，仿佛它也即将开始一段更为漫长的旅程。圆顶回到了它与尤里·加加林的雕像柱和拖着巨大尾焰的火箭并立的位置，三者皆处于一种几乎不受禁锢的短暂静止中，等待着下一次向着天空的行动。

　　当我们将目光从苏联转向美国的天文馆时，区别显而易见。苏联前有费奥多罗夫和齐奥尔科夫斯基，之后是太空人尤里·加加林和瓦莲京娜·捷列什科娃（Valentina Tereshkova），而美国则发展了属于自己的关于科幻作品和太空旅行的文化。20世纪20年代后期，诸如《惊奇故事》(Amazing Stories)、《惊人故事》(Astounding Stories)和《惊奇冒险故事》(Thrilling Wonder Stories)等科幻杂志鼓舞着美国人，告诉他们太空旅行并不遥远，人们很快就能实现在行星间畅游的愿望。故事的标题不言自明：《来自水星的奴隶掠夺者》《巨型计算机支配世界》《威猛螨虫实验室》《穿越虚空的圣战》《黄色的火星人》《土星环的彼方》《月球喉舌》《金星沼泽女孩》，以及同样惊人的《死亡振子》。

这虚构版的太空，以及天文学家在更大的尺度上持续探索宇宙所取得的更为直接的科学进展，都激发了人们对这种徘徊在真实和想象之间的天文学不断攀升的兴趣。20世纪20年代初期，在威尔逊山天文台工作的埃德温·哈勃证实了我们的星系只是众多星系中的一个，而且宇宙确实在膨胀。1931年，比利时神父乔治·勒迈特（Georges Lemaître）——很多人认为他先于哈勃提出了宇宙膨胀的概念——得到了其名为"宇宙蛋"的有关宇宙大爆炸的最初理论。1930年，沃尔特·巴德（Walter Baade）和弗里茨·茨维基（Fritz Zwicky）构建了中子星的理论，而克莱德·汤博（Clyde Tombaugh）发现的冥王星正使天文馆投影仪制造商和占星者备受困扰——他们不知道到底该考虑多少颗行星的运动。1932年，洛厄尔天文台的卡尔·詹斯基（Karl Jansky）最先探测到了源自银河系内的无线电波，这致使业余无线电操作员格罗特·雷伯（Grote Reber）在他位于伊利诺伊州惠顿的家中花园里建造了第一台抛物面射电望远镜。1938年，在流亡途中到康奈尔大学工作的德国犹太物理学家汉斯·贝特（Hans Bethe）发表了对恒星内部核聚变的最早描述。

这些卓越发现的重要之处花了一段时间才渗透到大众科普中，与天文馆产生联系。人们习惯于从地球表面看到的相对简单的夜空景象，很难适应宇宙中大量星系正向着无法定义的空间中不断膨胀这样的概念。天文学在美国并不像它在苏联那样与革命热情相联系，因此天文馆的建筑风格无须遵循构成主义的任何等价形式，也就是说，它不需要成为进步的现代文化的任何标志。在20世纪30年代建于美国的形形色色的天文馆反映出当时美国的社会文化——资本主义、宗教信仰与扩张主义相结合，而且常常自相矛盾。科学普及是了解世界的一种方式，并且和大众娱乐、冒险、探索以及个体与未知的相遇联系在一起。美国天文馆有时很古怪，它结合了对最新科学发现的追求、对古代宗教的迷恋、娱乐表演和对道德进步的关注，以及个人主义和流行文化。这些看似多元的目的往往和谐共存，引出一系列各式各样的建筑提案。

在鲍尔斯费尔德天文馆中看到潜力的首位美国建筑师是弗兰克·劳埃德·赖特（Frank Lloyd Wright），他受芝加哥房地产大亨戈登·斯特朗（Gordon Strong）赞助，为马里兰州舒格洛夫山设计山顶度假村。赖特在提案中设计了一个天文馆。这个被称为戈

弗兰克·劳埃德·赖特设计的舒格洛夫山天文馆，1925年

登·斯特朗汽车公司（Gordon Strong Automobile Objective）的项目可追溯到1925年，这仅仅是耶拿屋顶天文馆开放的两年之后，那时在德国和其他地区还没有建成任何永久性天文馆。1925年，德国建筑师埃里希·门德尔松（Erich Mendelsohn）到美国拜访了赖特，或许赖特就是从门德尔松那里听说了耶拿的天文馆。门德尔松那时刚刚完成了位于波茨坦的爱因斯坦塔，那座天文台融合了前沿科学研究与表现主义建筑，里面有蔡司公司制造的测量太阳光谱的复杂仪器，用于检验爱因斯坦相对论的某些部分。拥有舒格洛夫山的戈登·斯特朗想要在峰顶造一栋建筑，给越来越多的汽车车主们提供一个去处。斯特朗不太确定用什么来吸引游人，他考虑过夜总会和野餐中心，而赖特提出的天文馆则更适合这处地点及当时的精神——汽车与星空的结合。赖特最终设计出的建筑

阿德勒天文馆外的长队，芝加哥，1930 年

外部环绕着双螺旋坡道，供车辆上行和下行的独立车道交错分开。天文馆就位于这个螺旋坡道形成的锥体内部。车辆将绕着建筑露天盘旋而上，在天文馆内，行星也沿着它们在投影夜空中的轨迹运动。赖特绘制的天文馆剖面图让人联想到了鲍尔斯费尔德的半球形圆顶和中央投影仪。赖特这座天文馆的圆顶构造本应当与耶拿的混凝土薄壳相似，但当时没有任何投影仪能覆盖其直径50米的内部空间。归根结底，斯特朗对天文学并没有什么兴趣，他觉得赖特心高气傲的提案也不切实际，于是这个项目很快被放弃了。

　　赖特没有再尝试设计其他天文馆，但螺旋的主题重新出现在他的设计中。将舒格洛夫山的设计上下颠倒，就成了赖特设计的位于纽约的古根海姆博物馆，其中人行坡道向内蜿蜒而下，而天文馆投影人工夜空的圆顶则被一个更薄的结构取代，使自然光能够射入。

阿德勒天文馆，"天上的戏剧"，1939 年

　　1929 年，另一位芝加哥大亨有了建造自己的天文馆的想法。德裔犹太商人马克斯·阿德勒（Max Adler）曾是一名小提琴手，但他为了积攒巨额财富放弃了自己的音乐事业，成为百货连锁店西尔斯罗巴克公司的副总裁。在 20 世纪 20 年代后期他为慈善事业放弃了自己可观的商业收益。阿德勒与他的表弟——芝加哥建筑师小

埃内斯特·格伦斯菲尔德（Ernest Grunsfeld Jr）一同到访德国，参观了慕尼黑德意志博物馆和鲍尔斯费尔德设计的天文馆，心中充满了对这种新发明的热情。

阿德勒聘请格伦斯菲尔德，在密歇根湖畔沿着湖岸小道建造美国第一座天文馆。他从蔡司公司订购了最新版本的马克二号投影仪。格伦斯菲尔德对古代墨西哥的玛雅建筑和阶梯金字塔很感兴趣。他的天文馆采用了阶梯形式，外部包着彩虹花岗岩，一组同心墙体在平面图中构成了迷人的十二边形，顶部是覆铜的圆顶。这栋建筑又是一座庙宇式天文馆，遵循了源自德国的传统，但隐

阿德勒天文馆的节目，芝加哥，1930 年

约让人联想到古墨西哥的建筑结构。天文馆十二面墙中的每一面上都有一个黄道十二星座之一的雕塑，将这栋建筑与早期天文学和占星术联系起来。同心圆给参观者一种被接纳的感觉，像是新加入宗教的信徒，经过一系列阶段，终于到达被称作天象厅的中心圣殿。

阿德勒在天文馆的开幕仪式上讲述了他的宇宙观：

> 大众对宇宙的认识实在是太浅薄了，行星和恒星的知识也离常识太过遥远。我们主张世界本身和人类的所有努力都被既定的秩序所主宰，但我们对这一点考虑得太浅。我们也相信天穹之下包括我们每个人在内的万物彼此息息相关，但我们又对这一点思考得太少。

天文馆不仅仅是对太阳系的演示，它同样具有哲学和精神上的用意。神圣戏剧在属于科学发现的时代仍能够繁荣发展，并与粗俗戏剧（或大众戏剧）相结合。在后来成为阿德勒天文馆馆长的菲利普·福克斯（Philip Fox）笔下，天文馆带有宗教目的，参观者可能"漫步于深远的空间和无限的时间中，从而接触到在那里孕育的神"。这孕育着的神是谁？他是一位被推到自己的天空演出边缘，但又存在于投影仪光线正好无法触及之处，作为遥不可及的宗动天的神。而如果连显然脱胎于科学目的的阿德勒天文馆都有基于异教神庙的形式，人们可能会好奇这里是否有那么一点神圣戏剧中上演的重复仪式的意味——这种仪式不仅表现着天空，同时也影响着它，以保证行星继续转动。

　　阿德勒天文馆在民间引起了相当广泛的关注，参观者为观看表演大排长龙。不像总是重复相同节目的德国天文馆，阿德勒天文馆的运作方式更像一个电影院，拥有一系列描绘宇宙不同方面的不断变化的节目，这样一来，参观者就会回来看新的表演。阿德勒从一位德国收藏家那里收购了大量具有历史价值的天文仪器，例如星盘、太阳系仪、望远镜和日晷，这些收藏品被颇为随意地放在建筑中的两间展室内。参观者在通往天象厅的路上穿过这些房间，仿佛是经由天文学的历史通向其如今的成就。

　　在赞助者阿德勒过世很久后的1997年，天文馆得到了阿特伍德球，前文中提到过这一建造于1913年的演示星空的旋转球体。不久之后，在太空探索的过程中不断出现的进展使得过去天文馆的技术和建筑设计显得过时了。就是在这段时期，阿德勒天文馆扩建了，新建的巨大半球形玻璃建筑将原本的玛雅神庙包覆在内。这个空间设有当时最先进的数字投影区域，以一条自动步道与原来的天象厅相连。这样一来，阿德勒天文馆内实际上同时存在三个不同时期的天文馆——阿特伍德球、配有新款蔡司投影仪的天象厅，以及带有数字投影系统的展示当代天文学的空间。这三种不同形式的建筑——钢制球体、花岗岩十二面体神庙和高科技半球形建筑——反映出天文学和建筑二者随着时间的变化。尽管如此，"星空下湖边神秘的寺庙"这一平静而引人深思的概念仍然存在。

　　其他富裕的慈善家追随着阿德勒的脚步。1933年，同样拥有德国血统并且爱好古典音乐的家用肥皂大亨萨穆埃尔·西梅昂·费尔斯（Samuel Simeon Fels）在费城的富兰克林研究所里建造了费尔斯天文馆。由于这座天文馆被设置于另一栋建筑之内，它并不具备独立的建筑外观。

其他产业大亨们越发想看到自身的慈善活动在可见的建筑纪念碑中被铭记。霍斯劳王的精神以及他为了强调王权所建造的天穹在美国得到了延续。纽约银行家查尔斯·海登（Charles Hayden）通过投资铜矿和为蓬勃发展的电线行业制造金属发迹，他赞助了1935年于纽约开放的海登天文馆。海登是一位沿袭了 J. P. 摩根（J. P. Morgan）和安德鲁·梅隆（Andrew Mellon）所代表的美国传统的真正慈善家，他一生中向医院、道德进步组织和文化机构捐赠了大笔财产，但同时他也确保自己的名字与捐款的数目相关联。《财富》（Fortune）杂志评论道："海登先生相信每个人都应当对天空的浩瀚以及自身的渺小有所体验。"这是一种对尺度的主观感受，取决于一个人在美国社会中的地位，看他的身份是个穷光蛋

绘有纽约海登天文馆的明信片

还是产业大亨。

　　1935年开放的海登天文馆隶属于美国自然历史博物馆，由以设计冷淡的布杂艺术建筑闻名的纽约特罗布里奇和利文斯通建筑事务所设计。他们设计出一栋带有列柱入口及青铜圆顶的长方形砖块建筑，使之成为一座严肃的公民建筑。自然历史博物馆旁的选址赋予海登天文馆在创造人工版的自然这一使命中一个有趣的观点。它不仅仅坐落在一连串颇为压抑的大厅旁，大厅里充斥着动物标本、头足纲动物骨架、化石和陨石等自然世界了无生气的残骸，边上还会有诸如埃克利非洲哺乳动物厅那样的三维景观——动物标本剥制师、探险家卡尔·埃克利（Carl Akeley）制作的动物标本摆放在代表它们自然栖息地的场景中，这是自然的剧场。这些三维景观创造出生物依然活在其自然栖息地的假象，哪怕它被固定在那里一动不动。现在，被点亮的人造恒星和行星

海登天文馆的哥白尼厅

的表演将和丛林中的大猩猩标本和平原上的大象标本相呼应。

蔡司投影仪将天体投射在天空剧院的圆顶上，圆顶由钢板组成，上面钻有小孔并衬以石栓，全无回音或声学混响，给观众以脱离外部世界而飘浮在宇宙之中的感觉。这种效果与一座宏伟的大教堂内的沉静感相近，它引人深思，几乎上升到了精神体验。天空剧场之下是圆形的太阳厅，也被称为哥白尼厅。参观者可以在此观察包含地球在内的行星的比例模型，这是对奥斯卡·冯·米勒的德意志博物馆中的陈设的刻意重现——放置着行星模型的房间平衡了投影空间。这既提供了对太阳系的光学体验，又有实物模型带来的认知。展厅中央的地上有一个阿兹特克太阳神托纳蒂乌脸部的巨大陶瓷造像，它是位于墨西哥城中的原件的复制品。入口大厅被呈现出土星形状的灯照亮，就连土星环也发着光。

在20世纪50年代，海登天文馆会在圣诞节期间上演壮观的演出，包括对耶稣诞生之际天空的展示、表现着天体的舞蹈以及圣诞音乐。它们在人气上不输给无线电城音乐厅里火箭女郎的表演。这些演出将大众娱乐注入相较而言有些枯燥的科学解说中。

大众对科学和天空戏剧这一组合的着迷，在1945年的一张海登天文馆的传单中可见一斑：

> 在一幕又一幕的天空大戏中，你听到一个人声介绍着星光熠熠的演员和扣人心弦的剧情。站在控制面板前的讲解员在黑暗中隐去身形，他的指尖即是整个宇宙。这个控制面板像是一艘时空飞船的驾驶台，而这位讲解员就是驾驶员。

　　几年之后，在20世纪50年代中期，詹姆斯·布利什（James Blish）的系列科幻小说《飞城》（*Cities in Flight*）里，纽约市长站在控制台前，带领整个城市驶向另一颗行星上更美好的生活。而这时的海登天文馆还留在原处。

　　在1969年阿波罗11号登月之后，天文馆上演的节目中，女招待穿着的灵感源自斯坦利·库布里克（Stanley Kubrick）不久前的《2001太空漫游》（*2001: A Space Odyssey*，1968）的服饰，她们将一包包"太空食品"分发给参观者。布偶出演了一场名为《奇妙的天空》的演出，而在《星球大战》（*Star Wars*）中出现过的机器人则对《太空机器人》进行了介绍。像莫斯科天文馆一样，海登天文馆迎接了埃德加·米切尔（Edgar Mitchell）和巴兹·奥尔德林（Buzz Aldrin）等明星宇航员的到来，此举将这一建筑与美国太空计划的成果联系起来。

　　尽管这座天文馆坐落于一栋保守的20世纪30年代的建筑之中，它必须紧跟天空中的最新潮流才能吸引到观众。海登天文馆不断更新它的蔡司投影仪，始终坚持使用拥有最新特效的型号。然而到了1994年，海登天文馆还是被认为太过陈旧而无法再有效地对现代天文学进行阐释。天文馆的建筑被拆除，取而代之的是壮观的罗斯中心（后文会详细介绍）。过去的演出也许没有现在这些精彩的特效，但它们符合那个时代的精神，或许也比如今夸张的宇宙娱乐表演更为微妙而引人深思。

　　美国西海岸的天文馆在精神上与东海岸的那些有着相当大的区别。在海登天文馆开幕的同一年，一座引人注目的天文台和天文馆在美国另一侧的洛杉矶开门迎客，将其他所有竞争对手比了下去。这一建筑由矿业大亨及房地产经纪人格里菲斯·詹金斯·格里菲斯（Griffith Jenkins Griffith）资助。来自威尔士的格里菲斯白手起家，拥有自封的上校军衔以及坚定而自信的个性。他捐出了圣莫尼卡山东侧的一大片土地建成格里菲斯公园。1903年，格里菲斯在妄想中认为妻子与教皇密谋设计他，因此开枪射伤了妻子，幸好并未置其于死地。格里菲斯为这一罪行在监狱中度过了两年，但或许是看到了自己行事方法的错误，他在遗嘱中规定将在好莱坞山的斜坡上建一座天文台和一个放映天文学相关内容的电影院。在过去，如果一位富有的戴罪之人欲痛改前非，他或许会建造一座教堂来赎罪。如今，另一种形式的纪念也被认为是恰当的。格里菲斯对利用大型望远镜研究星空着了迷，他坚信如果其他人也能欣赏到他眼前的景象，他们的生活将变得更好。

　　格里菲斯天文台及其附带的天文馆于1935年建成，天文馆最终取代了电影院。它的建筑师约翰·C.奥斯汀（John C. Austin）还设计过洛杉矶各种著名地标，包括好莱坞大道上新古典主义风格的共济会教堂、圣地兄弟会的新摩尔式建筑风格的礼堂、新西班牙式建筑风格的蒙罗维亚高中，以及具有纪念意义的24层高的新古典主义风格的洛杉矶市政厅。奥斯汀一向思想远大并富有历史眼光。格里菲斯天文台坐落于好莱坞山的山脊之上，它拥有宏伟的装饰风艺术外墙和巨大的天文馆圆顶，是一座贯彻了好莱坞风格的真正的天文学宫殿。天文台北边是一条蜿蜒的小路——西峡谷路，通向一个规则式庭院和宏伟的外墙，而它的南边地势陡降，

格里菲斯天文台，洛杉矶，1935 年

支撑着天文馆圆顶的鼓座从岩石中露出。这一地理位置提供了俯瞰城市以及著名的好莱坞标志的绝佳视野。这座恢宏的宫殿包括了中央大圆顶内配有最新型蔡司投影仪的大型天文馆，东圆顶内带有蔡司折射式望远镜的天文台，以及西侧圆顶内的太阳望远镜天文台。建筑内还有展出大量天文物件的博物馆，展品包括阐释地球自转的傅科摆和大型月球地形模型。这个综合体被扩建更新过多次，天文馆不断更新各种最新款的蔡司投影仪，博物馆里有空间深度厅、宇宙连接展、怀尔德探索之眼厅，以及传承了综合天文学与科幻的传统的伦纳德·尼莫伊事件视界剧场，天文台以盛大的场面实现了格里菲斯想要作为天空的赞助者被铭记的愿望。

　　格里菲斯天文台自然而然地出现在好莱坞电影中。尼古拉斯·雷（Nicholas Ray）导演的《无因的反叛》（*Rebel Without a Cause*，1955）

中的一段就发生在格里菲斯天文馆内：詹姆斯·迪安（James Dean）饰演的男主角和其他少年一同观看了一场由哑铃形蔡司投影仪呈现的天文节目。

> 讲解员：（站在讲台上，用他的照明灯指向被点亮的天空）当这颗恒星接近我们时，气候会发生变化。南北两极广大的极地地区将消融分裂，而海水则会升温。我们当中的最后一个人扫视天空并感到惊讶，因为恒星仍在原处随着它们古老的旋律运动。熟悉的星座照亮我们的夜晚，像它们一贯看起来的那样，亘古不变，对我们的行星从诞生到毁灭经历的短暂的一生不为所动。
>
> ……
>
> 吉姆·斯塔克（詹姆斯·迪安饰）：嘿！
>
> 柏拉图（萨尔·米内奥饰）：怎么了？
>
> 吉姆：我只是在想……一旦你到过那儿，你就知道自己曾去过某些地方了。
>
> 柏拉图：你觉得世界末日会在夜晚到来吗？
>
> 吉姆：不，在黎明。

少年们渐渐分心，变得焦躁不安。这之后的剧情充斥着对恒星爆炸和宇宙的暴力终结的刻画。地球被描绘为在宇宙尺度上毫不重要的星球，画外音宣称它的消失根本不会被注意到。少年们被这一信息吓坏了，但他们在离开天文台和巨大的投影仪不久后，就再次开始了彼此间的帮派斗争。

20世纪50年代，地球的毁灭——至少是地球上人类生命的终结——被认为越来越有可能。在核毁灭的潜在威胁之下，无论是由于意外还是刻意的战争行为，过去浩大的宇宙灾害都突然呈现出大得多的现代意义。这种充满恐惧的氛围受到与天文相关的科学和伪科学的发展推动，正如《无因的反叛》中的天文馆片段展示的那样。1950年，犹太裔俄罗斯精神科医生、我行我素的伊曼纽尔·韦利科夫斯基出版了畅销书《碰撞中的世界》(*Worlds in Collision*)，他在书中提出，金星是一颗在不久前才来到太阳系的彗星，而世界历史上的灾难性事件都是由行星不稳定的轨迹所导致的，例如《圣经》中的洪水和红海被分开的记载。在他后来出版的书中，韦利科夫斯基提出来自木星的辐射导致了索多玛城与蛾摩拉城①的毁灭，而火星则影响了巴别塔的倒塌。韦利科夫斯基计划在纽约建造天文馆，以证实自己的理论，但他的主张遭到了天文学家和其他科学家，以及研究古代世界的历史学家的强烈反对。作为回应，韦利科夫斯基利用这种极端的反对，宣称自己是一位被误解的天才——就像伽利略一样，被他平庸的同僚们攻击和诋毁。《无因的反叛》中的场景展现了在20世纪50年代中期，天文馆是如何从单纯地试图以科学的方式展示从地球看到的真实夜空景象，过渡到逐渐实现更加电影化的功能，转向以宇宙宏大的尺度及其潜在的破坏力来娱乐大众，这样的主题非常适合加利

---

① 索多玛城与蛾摩拉城都是《圣经》中记述的古城，相传因其居民罪恶深重而被神毁灭。——编者注

福尼亚州民众的某些心态。

　　格里菲斯天文台出现在不计其数的好莱坞电影中，时常充当与外太空生物相关的场所——从B级科幻片《太空幻影》（*Phantom from Space*，1953）中被困在望远镜上层平台的隐形外星人，到《终结者》（*The Terminator*，1984）里来自未来的赤身裸体的终结者（他的到来吓到了几个从《无因的反叛》那会儿就在附近闲逛的小混混），再到《火箭手》（*The Rocketeer*，1991）里在这一建筑上空与纳粹暴徒交手的超级英雄。人们可以期待来自另一个维度的外星人和飞船来到加利福尼亚州的任何地方，但天文台峰似乎特别适合此般景象。最近，格里菲斯天文馆的原始内景——正如出现在《无因的反叛》中的那样——在2016年的《爱乐之城》（*La La Land*）中又被重现。这部电影中埃玛·斯通（Emma Stone）和瑞安·戈斯林（Ryan Gosling）扮演的角色通过某种方式在夜里进入了天文馆，他们信步经过嘶嘶作响的特斯拉线圈和傅科摆，向上走到投影厅的圆顶内，在蔡司哑铃形投影仪投射出的夜空下起舞——20世纪30年代的星空剧院成了我们这个时代的音乐舞蹈剧场。

　　并非所有的美国天文馆都由富有的慈善家赞助，在美国同样流行着自己动手打造天文学仪器的强劲风潮。1934年，弗兰克·科科斯（Frank Korkosz）与约翰·科科斯（John Korkosz）兄弟为马萨诸塞州斯普林菲尔德的西摩天文馆制造了第一台非蔡司出品的恒星投影仪，这是出色的家用设备和美国DIY（自己动手做）技术的胜利。这个投影设备的恒星球内装有41个独立的投影仪，但不具备任何表现太阳、行星或彗星的可移动部件。约翰·科科斯童年

玫瑰十字会天文馆，美国圣何塞

时受到1910年出现在夜空中的哈雷彗星的启发，以真正的DIY风格，用一个旧炸药盒制作了一个彗星投影仪。科科斯这台位于马萨诸塞州的天文馆内的自制投影仪也影响了其他人建造他们自己的投影仪，这其中就包括后来在20世纪60年代成为美国主要的投影仪制造商的阿曼德·斯皮茨（Armand Spitz）。

回到西海岸，比科科斯兄弟的天文馆更具有异域风情的是玫瑰十字会天文馆，于1936年在玫瑰十字会位于圣何塞纳格李大道的总部开馆。玫瑰十字会是一个起源于中世纪晚期德国宗教教派的神秘教团，但他们的兴趣甚至可以追溯至早期的基督教、埃及宗教和婆罗门教信仰。想要追溯任何玫瑰十字会信仰都很困难，因为玫瑰十字会并不仅仅是一个单独的教团，而是由大量意见不同的敌对小团体组成，它们彼此间的竞争十分激烈，每个都宣称自己才是正统的玫瑰十字会。然而，所有信徒在追寻精神启迪的过程中在本质上拥护着诺斯替主义的立场。玫瑰十字会的成员包括英国神秘主义者罗伯特·弗卢德（Robert Fludd）和约翰·迪伊（John Dee），以及德国人米夏埃多·迈尔（Michael Maier），这些人都对天文学抱有兴趣。或许还可以算上著名的天文学家约翰内斯·开普勒，他将观测和计算行星椭圆轨道的实用天文学与更为深奥的精神信仰联系起来。可以肯定的是，玫瑰十字会的宇宙论复杂而不寻常，往往以长篇大论阐释。隶属于一个与圣何塞竞争的教团的哲学家马克斯·海因德尔（Max Heindel）在他的《玫瑰十字会的宇宙观及神秘主义基督教》（*The Rosicrucian Cosmo-conception; or, Mystic Christianity*，1909）中将基督教的神秘主义与神秘学理论相结合，阐述了一个稠密而富有想象力的宇宙系统，其中包含了不可见的世界、7个宇宙平面以及有关神圣力量对太阳系演化的影响的不寻常的理论。试图在如此个性化的宇宙论与更为标准的天文学观念间找到共同点，当然不是个简单的任务。

　　圣何塞的玫瑰十字会教团名为玫瑰十字古老神秘教团（AMORC），由哈维·斯潘塞·刘易斯（Harvey Spencer Lewis）于1915年创立。刘易斯来自新泽西，原本是个商业艺术家。他是圣何塞教团的第一位统帅，并在富裕的成员们的捐款资助下建造了天文馆所在的大型公园。1929年，刘易斯与一大群玫瑰十字会成员一同前往埃及，亲身感受了金字塔和古埃及文化，并在卡纳克神庙举行了一场大规模的入会仪式。玫瑰十字会公园的建筑设计被归功于哈维·刘易斯和他的兄弟厄尔·刘易斯（Earle Lewis），但始终无法确定究竟是谁负责设计。这些建筑物建造得相当华丽，显然带有与埃及的联系。卡纳克风格的埃及博物馆、炼金术博物馆、大神庙以及研究博物馆皆以十足的埃及风格建造，它们能轻易地成为好莱坞重磅之作《埃及艳后》（*Cleopatra*）的缩小版的布景。大神庙拥有一个以夜空为模板的令人惊叹的天花板。石造狮身人面像和庞大的塔门遍布整个公园。天文馆则是一座迷人的神庙，是西海岸对新摩尔风格的一种轻松诠释，用以颂扬阿拉伯天文学家的成就。绿色的圆顶和带有小尖塔的角楼从奶油色的墙壁上凸起，墙身则开有细长的窗户和一个宏伟的拱形入口。

刘易斯在20世纪30年代早期到访过慕尼黑，受到了鲍尔斯费尔德天文馆的表演的启发。他对投影仪光线打造出的发光的夜空印象尤为深刻，这种直接而神秘的体验对他而言不仅与现代科学相联系，还跟一种关乎宇宙本质的精神上的启迪有关。在刘易斯看来，玫瑰十字会试图通过宇宙的奥秘得到启迪的这种兴趣，或许能够与通过光学方式展示宇宙的想法有效地联系在一起。刘易斯拥有视听技术的背景，他制作过各种巧妙的设备，其中包括将音乐和其他声学信号转化为色彩的设备——卢克斯通，还在弗兰西斯·培根音乐厅的众多观众面前表演过它。刘易斯的其他发明包括宇宙线重合计数器（一种用于探测宇宙线的盖革计数器），以及交感震动竖琴（一个阐释和谐振动的12弦竖琴）。此外，他还发明了一种热销一时的黑镜，据实验者报告，这种镜子能诱发与犹太神秘哲学相关的幻视。刘易斯并不认为在古代与现代科学系统间存在着巨大的哲学障碍。

在那个时期，购买一台蔡司投影仪要花费25万美元，因此刘易斯决定自己建造投影仪。追随着斯普林菲尔德的科科斯兄弟，刘易斯在具备各种技术专长的玫瑰十字会成员的帮助下做出了他自己的恒星球投影仪，它很像鲍尔斯费尔德最初制造的蔡司马克一号投影仪。这台投影仪能够投影恒星，但无法投影移动的行星或彗星。在1936年的一张照片里，刘易斯站在固定在恒星球上、令人联想到一个巨大的工业盒子的投影仪旁，显得很矮小。在照片中，盒子上的一个金属抽屉打开了，刘易斯正在向教团的一名女性成员展示一些用途不明的透明圆盘，它们或许是节目的声音伴奏甚至电影卷盘。盒子的正面是一组简单的控制按钮。

考虑到刘易斯早期的发明，不难想到他制作的投影仪也并非普通的机器，而是在某种意义上与宇宙线或其他现象相关。他宣称：

> 与美国或欧洲其他那些被科学机构拥有并控制的天文馆不同，玫瑰十字会天文馆并不仅仅局限于演示基于哥白尼理论的天文学定律。这座天文馆也将展现埃及人所遵循的那些古代天文学家提出的古老理论。

在这里，伴随着这一装置对舞台艺术和共济会哲学的结合，及其最后宣称"那么地球将成为一个神圣的王国，而凡人像神一样"的唱段，对女神努特和申克尔为莫扎特歌剧《魔笛》设计的夜女王布景的记忆再次浮现。玫瑰十字会宇宙论精巧的奥秘将在这个工业盒子里被揭开。刘易斯经常担任节目的解说员，也是一位天空总管。这些节目肯定独具个性又令人着迷，但可惜的是它们没有被记录下来。刘易斯的投影仪在战后不久被一台更常见的斯皮茨投影仪所取代。

刘易斯于1939年去世。他长眠于自己选择的地点——玫瑰十字会公园中阿肯那顿亭一座玫瑰色的石质金字塔下。金字塔一侧刻有单词"LUX"。他的儿子拉尔夫·马克斯韦尔·刘易斯（Ralph Maxwell Lewis）以传记《宇宙使命的达成》（*Cosmic Mission Fulfilled*，1966）记录了父亲的一生。这一标题完美地体现了刘易斯作为玫瑰十字会第一位统帅的成就。玫瑰十字会天文馆仍进行着由好莱坞明星解说的定期表演，比如由乌比·戈德堡（Whoopi Goldberg）解说的《星际之旅》和罗伯特·雷德福（Robert Redford）作为旁白的《宇宙碰撞》。

作为娱乐中心、科学展示场馆，或是潜在的太空飞船、天空剧场，甚至作为古代宗教的神庙、神秘主义宇宙论的中心，又或者是工业巨头的捐赠、灵巧的工匠自己建造的作品，20世纪30年代的美国天文馆反映了它们所在的社会的全貌。早在20世纪20年代的莫斯科，阿列克谢·加恩就曾期望天文馆能够令苏联人"形成对世界的科学理解，同时将自身从对神父的盲目崇拜和成见以及欧洲文明里的伪科学中解放出来"。而在加恩眼中，圣何塞玫瑰十字会天文馆无疑是异教和迷信的，它传达的理念与苏联科学家的信仰大相径庭。天文馆这一理念是开放的，足以包容多种形式的信仰。

第四章

世界性的扩张

天文馆是科学的，也是戏剧性的。天文馆展现空间的本质。它将天空带到地球上，让观看者脱离其往常所处的环境。

来自不同时期的众多叙述片段都描绘过天文馆之旅，以及那里的节目对每位观众产生的影响。譬如巴黎发现宫内的天文馆，作为一个并无任何特别外在建筑特征的内部空间，给一代代参观过它的孩子们留下了深刻印象。法国作家贝尔纳·朗瑟洛（Bernard Lancelot）在近期的一篇网络文章中写到了20世纪50年代他儿时一次游览巴黎天文馆的经历：

　　天文馆的房间是正圆形的，观众坐在蓝色的大扶手椅中仰起头来。我们低声交谈，耐心地等待着。环形的墙上是巴黎众多名胜古迹——埃菲尔铁塔、圣母院和圣心教堂——的黑色剪影。房间中央是一台由两个巨大圆球组成的奇怪黑色仪器，从中浮现的光亮在黑暗之中变幻。讲解员形色各异，我和姐姐最喜欢的是一位看起来瘦小虚弱、几乎像是个矮人的长发男人，他不怎么引人注目。他蹒跚而入，缓缓走向房间中央的奇特仪器并按下各种按钮。夜空渐渐浮现，星星一

颗接一颗出现在天穹之上。这个矮小的男人开始讲话，在我
的印象当中他并没有稿子。他指出每颗星星相对于彼此的位
置，让我们能够在晴朗的夜里认出它们。他的声音朴实温
暖、毫不迂腐，他的解释也简单易懂。他给我们的印象是他
什么都懂。那些节目相当短，我常常对节目那么快就结束了
感到失望。之后会响起一段庄严的音乐来宣告节目的结束和
白昼的回归，每次的音乐都是一样的。星星一颗接一颗慢慢
隐去。伴随着繁星消失流淌的乐曲是理查德·瓦格纳（Richard
Wagner）的《罗恩格林》中一段著名的序曲。每次听到这首
曲子我都会起鸡皮疙瘩，在喜悦中战栗。

在朗瑟洛的描述中，不仅仅是演出本身，馆内的氛围也相
当有趣，那里有蓝色的扶手椅、巴黎的轮廓、巨大的蔡司机械和
奇特的讲解员。参观者进入一座提供某些特定体验的建筑，他朝
内坐着，好奇地看着哑铃形的投影仪。周围环形墙壁上的那些剪
影的轮廓提醒了他身处何地，但它们像是舞台布景，并不令人信
服。然后，随着灯光熄灭，他被吸入一个尺寸远超他想象的虚幻
空间。这有些像赫尔曼·黑塞（Hermann Hesse）的小说《荒原狼》
（Steppenwolf，1927）中的魔法剧院，是城市中一个会发生一些不
寻常事件的隐藏空间，抑或是大卫·林奇（David Lynch）电影中的
一个俱乐部，人们几乎期待着讲解员开始倒着讲话。讲解员是节
目重要的一环，他的个性为机械化的投影仪提供了平衡。天文馆
并不仅仅是个投映天空影像的黑暗的中性空间，它具有不同寻常

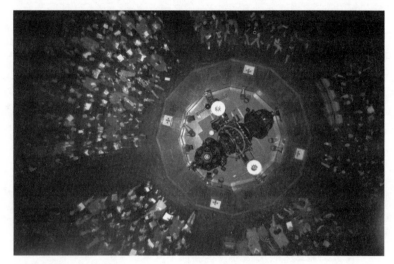

伦敦天文馆内部俯瞰图

而令人难忘的自身特性。最好的天文馆在节目开始之前早已营造出其独特的氛围和空间感。

作为对比，艾丽丝·门罗（Alice Munro）在短篇《木星的卫星》（1978）中描写了一个女人在多伦多的医院看望她奄奄一息的父亲，并来到附近的天文馆（实际上是1966年开放的麦克劳克林天文馆，令人难过的是它已于1995年闭馆）散心。这段描写与朗瑟洛对童年经历的奇妙记忆形成了有趣的对比：

> 美妙而庄严的音乐播放着。周围的大人让孩子们安静，并试图阻止孩子们把薯片包装袋弄得噼啪作响。之后一位男士开始缓缓讲话，从墙上传出的声音专业而动人。这声音有点让我想起从前电台播音员如何介绍一段古典音乐，或描述

王室在某个盛大场合前往威斯敏斯特修道院的过程。房间里
有微弱的回声室效应。黑暗的天花板渐渐被星辰填满——它
们并非同时出现，而是一颗接一颗地出现，就像夜晚真正的
星辰出现的方式一样，只是更快一些。银河系出现了，越来
越近，星辰汇成一片光亮，不断移动，消失在我脑后的穹幕
的边缘。在这光线持续流动的同时，那声音介绍着令人惊叹
的事实。它说道，在几光年之外，太阳看起来不过是颗明亮
的恒星，而行星就看不到了。在几十光年以外，就连太阳都
无法被肉眼看到。而几十光年这一距离不过是太阳到我们的
星系——一个自身包含大约 2 000 亿个太阳的星系——中心距
离的约千分之一。我们的星系又只是数百万乃至数十亿个星
系中的一个。无尽的重复，无尽的变化。所有这些像一团团
闪电般划过我的脑海。

门罗捕捉到了典型天文馆节目中令人好奇的氛围——脱离感、
回声室的音效、隆重的音乐、庄严的声音、或兴奋或无聊的孩子
们的平凡和恼人之处、幻境崩塌返照科学奇迹所产生的复杂观感，
以及相关的巨大数字和事实。显然，20世纪70年代的天文馆节目
相较于朗瑟洛对50年代的描述已有所改变，它不再只关心太阳系
和作为背景的星空，而是有关更广袤的宇宙。观众如何平衡数以
百万计的星系和嚼零食的声音？这份体验融合了渺小与伟大，以
及平庸和壮观。门罗故事中的人物后来向她的父亲描述天文馆，
说它是一座"稍嫌虚假的神庙"，而后又反悔了，说："我本意是

想实话实说，但这听起来圆滑又高傲。"如果你还记得20世纪20年代那些像神庙一样既是礼拜之处又作为娱乐地点的德国天文馆，以及更早之前天文馆在神圣剧院、典礼和仪式中的遥远起源的话，你会发现天文馆从一开始就是座稍嫌虚假的神庙。这听起来还圆滑又高傲吗，或者不过是在实话实说？在天文馆节目结束之时，人们既对优质的天象表演感到惊讶，又被美妙的戏剧、特效和那个叙述着超出理解范围的事实的声音所吸引。"敬畏之心，"门罗写道，"那应当是什么？是当你看向窗外时的一阵战栗？一旦你知道了它是什么，你就不会再追求它了。"

　　天文馆也作为对某一类型日常生活的隐喻——而非对真实地点的描述——出现在文学作品中。法籍俄裔作家纳塔莉·萨罗特（Nathalie Sarraute）的《天象馆》（*Le Planétarium*，1958）描绘了一组角色，他们的举止像是模拟的恒星，与被反复描写的椅子、门、家具、地毯等日常物品一道，在黑暗中缓缓旋转。读者从未真正知晓书中描绘的是怎样的宇宙，无论是字面意义上的还是抽象的。没有什么是固定的，人和物件在一个不确定的空间中打转，彼此通过某种不可见的力相互排斥和吸引，这种力相当于掌控着天文馆里太阳系的无形力量。一个角色评论道："就像是一种流体从你身上涌现，通过超距作用影响人和事物。一个住着和蔼可亲的精灵的温顺的宇宙，围绕你和谐地组织它自己。"萨罗特谈及自己的小说时说道："对彼此而言，我们一直像是在天文馆里看到的那些星辰一样，经过了缩减和简化。所以，尽管他们将彼此当作人物角色，在他们看到并命名的这些角色背后，也是整个无限的、趋向性的世界。"在萨罗特的小说里，角色们从未尝试变得真实，他们更像是伦敦天文馆旁的杜莎夫人蜡像馆里的人物，不知怎么地进入了恒星的投影系统，成为一个家庭模拟宇宙中的天体。

天文馆的主题及其在机械和人性之间的来回跳跃，出现在阿德里安娜·里奇（Adrienne Rich）献给卡罗琳·赫舍尔（Caroline Herschel）的诗作《天文馆》（1968）中。卡罗琳是著名天文学家赫舍尔的妹妹，也是众多彗星和星云的发现者，但历史中提到的通常只有她的哥哥。这首诗给了天文学一个女权主义者的视角，批判着关于星座的想象中女性怪物似的形象，并以卡罗琳·赫舍尔的躯体作为某种宇宙接收器来结尾：

> 我的一生都站在
> 一列信号的直接通路上
> ……
> 我是一团星际云，如此深厚，如此繁杂
> 一束光波要走15年才能穿过我

里奇感兴趣的并非真正的天文馆，而是以女性身体充当仪器，接收从天空而来的脉动，并将它们转化为图像的想法——这或许是女神努特缀满星辰的身体的一个现代版本。萨罗特的小说和里奇的诗歌都展示了，尽管天文馆基本上是由男性发明、建造并领导的，它如今也能被女性作家转为他用。

在这些描写之中，天文馆节目的性质和目的开始发生变化。

原本的鲍尔斯费尔德天文馆基于从地球仰望天空的视角，展现了移动的行星和固定的恒星。地球并未被包含在投影仪移动的行星之中，因为人们不认为会有从空间中其他位置来看这颗行星的必要——它一直充当着用来观察其他行星的固定视点。但天文馆展示的潜在空间迅速扩大，从一个封闭的系统延伸至似乎无边无际的宇宙。在朗瑟洛参观天文馆的年代，空间飞行只在科幻作品中存在。到了萨罗特的时代（1957），苏联的伴侣号人造卫星已经在环绕地球，而4年之后（1961），尤里·加加林完成了第一次载人宇宙飞行。里奇发表诗歌的第二年（1969），尼尔·阿姆斯特朗和巴兹·奥尔德林行走在月球之上，而到了门罗的故事中的年代，美苏合作的阿波罗-联盟测试计划已经成功实现了宇宙飞船在地球轨道上的对接。1972年，阿波罗17号的宇航员们在迄今（2017）为止的最后一次载人月球任务中拍下了被称作"蓝色弹珠"的著名地球照片。一旦人类的视角从地球上转向一位在绕地轨道上或月球表面的宇航员，对太阳系和外太空的传统思考方式就会随之改变，进而反过来影响天文馆的性质。

机器人探测器进一步拓展了宇航员们的视角，从拍摄了月球背面的月球2号开始（1959），到20世纪60年代去往金星、火星和水星的一系列水手号探测器，再到1977年发射，驶向木星、土星乃至遥远的星际空间的旅行者1号和旅行者2号。这些探测器中的大多数发回了对行星进行光学扫描的详细结果。这些数据被转化为近似于照片的产物，以得到空间中物体形象的特定图像。运营天文馆的人必须考虑怎么才能从任意视角展现我们的星系——包括那些人类从未到达的地方，以及如何跟上大众对太空探索和宇宙影片起伏不定的热情。人类要如何亲身接纳无限的宇宙，以及我们要怎样表现这样的空间，种种哲学问题和技术上的复杂性一再交织，在天文馆的日常环境中必须被仔细考虑。事实上，研发能够从空间中不同位置准确地展示星空的投影仪花费了许多年，直到20世纪80年代，数字投影仪的出现才真正解决了这一问题。

20世纪60年代和70年代的天文馆建设是在东西方太空竞赛的背景，以及随之而来的对天文学和一切超出现有太空边界的新事物的热情下进行的。即使是并未直接参与太空竞赛的国家，有些也对天文学产生了巨大的兴趣，因为它拥有揭示宇宙不断拓展的疆界的能力。天文馆成了返航的宇航员的公众剧场，明星宇航员在这里被展示给公众。这些日益传媒导向的冒险令天文学更受欢迎，从而改写了天文馆的命运。在20世纪60年代晚期到70年代，东西方都建造了大量的天文馆，向民众宣扬国家在太空中的成功，并维持大众对这些太空计划的热情。其中很多建筑质量都不高，主要是在已有的博物馆或学校中设立的小规模圆顶。最初那个富豪和革命者建造献给天空的美妙建筑的时代已经过去了。

这些对宇宙看法的变化所产生的影响渐渐渗透到了天文馆的领域之中。在很长一段时间中，常见的旧式天文馆中的太阳系继续旋转。在第二次世界大战之后，天文馆的建造曾短暂停顿，因为蔡司公司分成了两个部分——东边的在耶拿，西边的在上科亨，这使得当时投影仪的供应出现了短缺。蔡司投影仪原本在制作上

正向孩子们讲解的阿曼德·斯皮茨，20世纪50年代

就很困难且十分昂贵。耶拿的蔡司公司成为东方国家的供应商，上科亨的蔡司则供应西方，而双方也为了盟区以外的市场展开竞争。这一时期的天文馆遵循着冷战时所划下的界限。

与这些复杂而昂贵的投影仪的制造商形成对比的，是一位为天文馆的本质带来了根本上的改变的男人。这位颇为出人意料的男士是记者、天文爱好者、有独创性的发明家、贵格会成员、民主党人、伴侣号观察者以及行星房地产推销员阿曼德·斯皮茨。"我跟数学方程合不来，"斯皮茨说道，"我不能算是个科学家。你可以叫我科学翻译者。"斯皮茨在20世纪30年代初是一位记者和天文讲解员。在费城天文馆工作的过程中，他意识到需要一座面向所有人的更简单的天文馆，一座粗俗而直接的天文馆。斯皮茨在他巴尔的摩家里的天花板上画上了行星图案和黄道十二星座符号，这或许是对艾辛加的家庭天文馆的遥远致意。而后，斯皮茨制作了直径超过一米的半球形月球模型。到1940年时，他开始创作"针孔天文馆"，作为一本天文学手册的一部分售卖。针孔天文馆由纸板制成，其上根据恒星的位置穿出小孔，在内部放入光源就可以将恒星投影在天花板或墙上。斯皮茨的神来之笔是在1945年发明的斯皮茨模型A便携天文馆。这一装置采用了由扁平金属板组成的十二面体的形态，同样带有手工钻出的孔，内部是一个投影灯。这个十二面体能够旋转，后来的版本还包含了对行星和彗星的展示。它比鲍尔斯费尔德20年前制作的第一个投影仪还要简

单，但以500美元的价格售卖，并在20世纪五六十年代大获成功。现在，不仅富有的财阀和市政府能够拥有天文馆，中小学、大学、天文社团和军事训练学校也可以，任何负担得起这份基本支出的人都可以。斯皮茨甚至迎合了孩子们——面向孩子们的青少年版斯皮茨便携天文馆是个直径18厘米的黑色球体，具有20世纪50年代的复古外表，安装在金字塔形底座上。售价14.95美元的它卖出了超过100万份。

斯皮茨是个表演者。他的生

斯皮茨便携天文馆的宣传海报

意资金部分来自出售"天文权利转让契约",即售卖免税土地权——恒星上的每份1美元,行星上的100~250美元,月球和太阳上的则要500美元。当然,在天文馆这个行当中赚钱并不总是那么容易。后来斯皮茨效仿蔡司公司的哑铃形投影仪,把他的模型A便携天文馆改进为一系列精细得多的装置。这些由斯皮茨股份有限公司生产的设备,比起非常结实且德国化的蔡司机械,有着更为松散的、像是自组装的外观。它们受到了许多预算不足以购买蔡司投影仪的天文馆的青睐,直到今天还在生产。斯皮茨公司发展壮大,现在制造着各类天文馆设备,从数字投影仪到圆顶,乃至录制好的节目等。从自制纸板月球模型到大规模制造业务,这听起来像是美国梦。在那段早期时光中,斯皮茨的家里堆满了天文模型的桌子、夜空的星图和做到一半的机器,那之中蕴含的某种魅力如今已消失了。阿曼德·斯皮茨使夜空更加贴近大众,他制造的价格公道的投影仪并不仅仅在美国售卖,而是销往世界各地。"我只能期待,"他在晚年说道,"不论在哪种天国的簿记里,我都会被授予间接地帮助传递了天空知识的荣誉。"

斯皮茨有很多竞争对手。比如同样在20世纪50年代开始生产投影仪的五藤和美能达这些日本制造商,它们也以蔡司公司为蓝本,但价格更为低廉。天文馆变得更加多样化——从学校里容纳十来人的简单房间,到可拆卸、可充气、能够四处移动的天文馆,从博物馆中放映节目的半球形银幕,到州政府出资的能容纳数百名观众的宏伟公共建筑,它们都是天文馆。

由于从20世纪60年代早期到80年代中期天文馆的数量不断增

长，再加上数码时代到来，我们只
能追寻天文馆历史中某些特定的轨
迹，那些时而出人意料的发展看起来
最为奇妙。在美国建成的大量天文馆
中，绝大多数在建筑上都十分平庸。
其中有一些特例，比如密苏里州圣路
易斯的高雅的詹姆斯·S.麦克唐纳天
文馆，其薄壳双曲面屋顶由小圃乔
（Gyo Obata）设计。加拿大有各式各
样有趣的天文馆，例如位于卡尔加
里，由当地的麦克米伦·朗建筑事务
所的建筑师设计的百年天文馆，如今
遗憾地空置着；还有20世纪80年代

詹姆斯·S.麦克唐纳天文馆，美国圣路
易斯，1963年

在埃德蒙顿由道格拉斯·卡迪纳尔建筑事务所设计的太空飞船一样
的空间科学中心，它看起来就像是刚刚结束了从外星球来的漫长
旅途而降落在此地。但一些不那么有名的天文馆发展轨迹同样值
得研究，例如苏联、英国、印度和南美洲国家的天文馆，因为其
中的每个文化都根据自己的需要改进了从20世纪20年代的德国和
20世纪30年代的美国继承而来的形式。

　　在太空竞赛开始前不久，苏联对大型天文馆的兴趣逐渐复苏。
第二座专门建造的苏联天文馆于1954年在斯大林格勒（如今的伏
尔加格勒）开幕。与莫斯科1929年的典雅的现代主义建筑完全不
同，这是一栋带有华丽门廊、雕花腰线以及三角楣饰的威严建筑，

百年天文馆，加拿大卡尔加里，1967 年

是一座新古典主义神庙。圆顶顶端立着一个手持星盘和信鸽的巨
大的和平女神雕像，制作者是杰出的雕塑家薇拉·伊格纳季耶夫
娜·穆欣娜（Vera Ignatyevna Mukhina），她之前在1937年为巴黎
世界博览会的苏联馆提供了精美绝伦的雕像——高举着锤子和镰
刀的男女工人。这无疑是一栋由工人建造且面向工人的社会主义
建筑，与20世纪30年代美国那些由财阀资助的天文馆形成了鲜明
对比。苏联人选择将他们的第二座天文馆建在斯大林格勒，这具
有重要意义，因为这座城市在第二次世界大战期间被彻底摧毁了。
这座带有蔡司投影仪的天文馆是民主德国送给约瑟夫·斯大林的一
份迟来的礼物，原本想作为1949年斯大林70岁生日庆祝活动的一
部分。事实上，这栋建筑回溯了一种几乎已经消失了的建筑风格。
斯大林在收到来自蔡司公司的生日礼物前就于1953年去世了，而
这一以他的名字命名的建筑风格在斯大林格勒天文馆开幕之时实

际上已然终结。天文馆的门厅里有一幅大型壁画，画中斯大林穿着苏联海军司令的白色制服，四周环绕着纷飞的白鸽和盛放的紫丁香，背景则是闪闪发亮的金色。这幅壁画在赫鲁晓夫当政时期被粉刷覆盖，但近来被修复了。壁画的两侧是康斯坦丁·齐奥尔科夫斯基和尤里·加加林的半身像。楼上如今的彩绘玻璃窗显然是后来加上的，上面绘有加加林乘坐的太空舱及和平号空间站等苏联太空飞船的图案。富丽堂皇的房间中有成排的大理石柱，摆放着巨大的太空飞船模型。这座天文馆里有耶拿战后生产的第一台蔡司投影仪，以及与后来的太空飞行器相融合的苏联早期的英雄形象，从宗教派生的意象被毫不费力地应用于对苏联太空探索的崇拜。

苏联并非只追求壮观。与斯大林格勒天文馆相反，于同年在

斯大林格勒天文馆，1954 年

俄罗斯西南部别林斯基城开馆的奔萨天文馆规模极小。它位于一栋奇特的古典木建筑之中，建筑内还有一座天文台。这座位置偏僻的天文馆表面有个圣何塞玫瑰十字会风格的自制投影仪，但其背后的哲学精神相当不同。一座巨大的白色大理石雕塑直到最近还立在建筑前枝繁叶茂的花园中，刻画了列宁和斯大林以轻松日常的方式讨论天文学的场景。

对天文学的热情迅速传播到苏联的各个卫星国家，而天文馆则经常被用作在东欧紧张的新边界上主张国家身份的象征。1955年，波兰的西里西亚天文馆在卡托维兹城附近一座树木葱郁的公园内开放，天文馆从民主德国那里得到了一架投影仪——又一份慷慨的礼物。卡托维兹这一地址的选择同样具有政治原因，位处大省西里西亚的卡托维兹曾经是一座德国城镇，在战后成了波兰的一部分。将波兰的第一座天文馆放在这里，并通过名字将它与生活在波罗的海边的弗龙堡的波兰天文学家尼古拉·哥白尼联系起来，加强了波兰对这块领土的主张。西里西亚天文馆的灰暗的圆顶立于一个混凝土环之上，而混凝土环则依靠从地面向外伸出的悬臂支撑，整体上让人联想到一个相当沉重的20世纪50年代的飞碟，或者是某个版本的土星，散发出一种忧郁的魅力。随后在东方国家出现了其他各种天文馆，每一座都出乎意料地独特。位于斯特莫夫卡公园边缘的布拉格天文馆（1960）是一座早期文艺复兴风格的典雅的褐色砂石神庙，在原本的设计中它的四周被12个工人雕像所环绕。

捷克斯洛伐克和波兰在社会主义时期对科幻作品的见解颇为

独到。例如，捷克太空探索影片《宇宙终点之旅》（*Ikarie XB-1*，
1963）将一个有道德的社会主义社会、邪恶的资本家、浪漫的太
空旅行，以及能够与斯坦利·库布里克的《2001太空漫游》相提并
论的富有创意的特效结合了起来。波兰小说家斯坦尼斯瓦夫·莱姆
（Stanisław Lem）的作品通常兼具反叛与忧郁，他的小说《索拉里
斯星》（*Solaris*，1961）在一个水生星球上空轨道中的空间站里展
开，故事在1972年被安德烈·塔尔科夫斯基拍成电影。塔尔科夫
斯基还将俄罗斯兄弟阿尔卡季·斯特鲁加茨基（Arkady Strugatsky）
和鲍里斯·斯特鲁加茨基（Boris Strugatsky）的小说《路边野餐》
（*Roadside Picnic*）拍成了《潜行者》（*Stalker*，1979）搬上银幕。
这些作品绝不是苏联太空竞赛的宣传，但它们提出了一种具有社
会性和哲学意义的太空探索理念，大多数时候不存在北美那种对
硬件的关注。

这些书籍和影片的某些奇怪
特性反映在了东方国家的天文馆
中。1965年，白俄罗斯明斯克的
天文馆建于一个儿童公园附近，
它带有一个像是蜂巢的神秘的星
空剧院。保加利亚瓦尔纳的尼古

德国蔡司公司邮票，1971年

拉·哥白尼天文馆建于1968年，曾经（像东欧当时的其他许多建
筑一样，如今它已不复存在）有个银色圆顶，安放在沉重但时尚
的底座上。而布达佩斯于1977年建在人民公园边缘的天文馆有一
个建于厚实的混凝土环上的黑色圆顶，以20世纪70年代特有的风

格建成。这些天文馆有着独特的造型，它们阴郁而引人深思，远比结构所需来得厚重。这样的特质适合当时的氛围。

在民主德国，耶拿的蔡司公司意料之外地发现了建造天文馆的第二波风潮，并重获公司20世纪20年代作为天文馆第一次大规模天文馆繁荣背后推手的部分光辉。民主德国热衷于天文学，规定所有学童每周必须上一小时的天文课，而对这一学科的热情也体现在他们的天文馆的质量上。除此之外，民主德国还在耶拿蔡司公司制造着最高品质的天文馆投影仪，事实上这是他们仅有的几种比联邦德国生产得更出色的工业产品之一，因此既可以用来获取外汇，又能通过它得到地位。

民主德国通常不会被认为是适合建筑大胆创新的所在，但它的天文馆常常富有创新精神，并配备高水平的科技。位于科特布

德国科特布斯的尤里·加加林宇宙飞行天文馆，1974 年

斯的尤里·加加林宇宙飞行天文馆建造于1973年，建筑简洁而时尚，它标准的圆顶落于一圈混凝土和玻璃之上。这栋建筑物看上去就适合作为那个时期的色彩微妙的现实主义影片的背景。

　　这些民主德国的天文馆与它们在联邦德国的对手形成明显的竞争，比如联邦德国的斯图加特天文馆，其新颖的带有外部钢结构的阶梯金字塔由建筑师维尔弗里德·贝克-厄兰（Wilfried Beck-Erlang）设计，并于1977年开馆。沃尔夫斯堡是一座于1938年为了制造大众汽车而专门建成的城市。在20世纪70年代后期，民主德国与那里的大众汽车公司达成了协议，10 000辆迈阿密蓝和马拉加红（这些闻所未闻的色调以民主德国居民无法到达的地点命名）的大众高尔夫汽车被用来交换一座耶拿蔡司天文馆。耶拿蔡司和不伦瑞克的克斯滕、马丁诺夫与施特鲁克建筑事务所共同设

德国沃尔夫斯堡天文馆，1983年

计了四分之三个球体形状的投影厅，这个设计后来在其他国家被
多次模仿。这个四分之三球体由富有创造性的工程师乌尔里希·米
特尔（Ulrich Müther）打造，他还负责建造了民主德国其他各种天
文馆的圆顶。这个球体是由混凝土喷涂于金属丝网结构上制成的，
跨度近18米，最薄的地方厚度只有9~15厘米，将沃尔夫斯堡的天
文馆与鲍尔斯费尔德在耶拿屋顶建造的最早的薄壳结构圆顶联系
起来。以汽车交换星空的协议大获成功，拥有一台耶拿蔡司深空
大师投影仪（它由浅蓝色金属板制成的球体包层令人联想起汽车
外漆，或许可以叫"宇宙蓝"）的沃尔夫斯堡天文馆于1983年开
放，介于汉斯·沙龙（Hans Scharoun）设计的剧院和阿尔瓦尔·阿
尔托（Alvar Aalto）的文化中心之间，成为小镇里又一栋杰出的建
筑。在20世纪90年代，沃尔夫斯堡天文馆以摇滚明星演出作为特
色，有《重金属入门》和《天空女王》等演出。备受尊崇的蔡司
深空大师投影仪如今立在天文馆的大厅中，它在2010年被一台蔡
司球幕数码投影仪所取代。而天文馆由于其表现行星相合的应景
的激光特效，也成了一个受欢迎的婚礼场地。

　　天文馆没有特定的政治倾向，夜空也属于各种政权。1981年，
一个更为出彩的天文馆于利比亚城市的黎波里开放，纪念穆阿迈
尔·卡扎菲上校。卡扎菲找到蔡司公司的耶拿分部，请他们在海岸
边的一处场地设计北非的第一座天文馆。蔡司公司内部的建筑师
设计了一栋卓越的建筑，它有一个直径15米的圆顶——同样由米
特尔建造，他可能也参与了圆顶的部分设计。圆顶四周环绕着略
带伊斯兰风格的拱门，并与一组时尚的折叠混凝土屋顶相接，灵

感来源于费利克斯·坎德拉（Félix Candela）的作品，但同样令人联想到米特尔在柏林打造的枫叶餐厅。建筑整体的效果融合了北非式庸俗与民主德国的科技，柏林的折叠混凝土屋顶伸到了沙漠边缘的棕榈树之间。"我年轻时参观过天文馆，"利比亚设计文化中心的联合创始人，试图在当下充斥着政治混乱与间歇内战的时期保护这一建筑的穆夫塔·阿布达加加（Muftah Abudajaja）写道，"从海边走近它的时候，我总把它看作一个巨大的海星。建筑折射出生活在特定地域的特定人群的生活方式。天文馆多年来向这么多人敞开了大门——作为电影院、剧场和天文馆，而这些人赋予它一个利比亚的灵魂。我们必须坚持这一点。"的黎波里天文馆在近来的内战中幸存下来，但目前仍然处于关闭的状态。

坎德拉的薄壳混凝土屋顶结构是无数天文馆圆顶和屋顶的灵感来源，从圣路易斯到的黎波里，再到我们即将看到的斯里兰卡的科伦坡。由于天文馆建筑经常被简化为覆盖着半球形壳的屋

利比亚的黎波里天文馆，1981 年

顶，坎德拉设计的优雅而动感的墨西哥教堂和餐厅将工程上的匠心与建筑形式结合，提供了一种吸引人的手法。由于这一类球壳能够由没有特殊技能的工人用基本的原材料建成，它们对于不具备精细建造技术的国家颇具吸引力。这样的结构也相当时尚有趣，

这些特质在东欧很受欢迎。

民主德国最大胆的天文馆建成于柏林——普伦茨劳大街的柏林大天文馆。这栋建筑的大部分灵感来自天文学家迪特尔·B. 赫尔曼（Dieter B. Herrmann），他是特雷普托的阿恒霍德天文台的台长以及备受欢迎的天文电视节目（AHA）的主持人。赫尔曼的电视节目将天文学知识简单地传递给众多观众，使它成为当代的流行话题。除此之外，民主德国对为苏联太空计划输送了众多太空人无比自豪，其中包括参与了1978年联盟31号任务的西格蒙德·耶恩（Sigmund Jähn）。联盟31号在这次任务中对接的礼炮6号太空站也配备了耶拿蔡司公司提供的相机。

柏林大天文馆的建筑平面图十分有趣，当中圆形的结构向外辐射，但区域的核心是直径30米的壮观的四分之三球形，球体又一次由技巧越发高明的乌尔里希·米特尔建造，以混凝土喷涂于金属丝网组成的支撑框架之上。天文馆所处的市区四周彼时相当破败，现在则十分时尚。无论何时，以金属包覆的球体都在四周19世纪的建筑群中脱颖而出。它大胆而又有些超现实，仿佛从另一个国家和另一个时代穿越而来。天文馆配备了最高标准的技术装备，包括一台带有优美金属框架的亮蓝色蔡司宇宙全景投影仪，还有可编程的计算机单独操控着其中各个投影仪。除了这台投影仪，投影厅内部还有不计其数的激光器，以及一套高效的音响系统。这座天文馆于1987年作为社会主义国家对天空的乐观标志开放。在它的开馆仪式上，一首那个时期典型的乐观主义诗歌被朗诵给聚集起来的社会主义领导者们：

柏林大天文馆，柏林，1987 年

一座小游乐园不会伤害到母校

一段小电影，许多科技，一点普拉特公园的味道

这些都指向柏林的星空剧院

让我们将光明之水

倒在知识的果实上

让这间房中的我们传授知识并收获喜悦

　　大厅中挂着苏联艺术家安德烈·K. 索科洛夫（Andrei K. Sokolov）的一幅巨大的画作，他与苏联首位进行舱外活动的宇航员阿列克谢·列昂诺夫（Alexei Leonov）合作过。画中遥远的恒星在旋转的青蓝色与红色的宇宙物质间闪耀着，令人印象深刻，而民主德国的标志像太阳般发出光芒。这幅画是赫尔曼亲自从索科洛夫处以外交手段得来的。画面表现了广袤无垠的空间，既欢庆又带

柏林大天文馆大厅由苏联艺术家安德烈·K.索科洛夫创作的画作

有些许预兆——似乎天空中不仅仅有人们最初预期的事物在等待。

20世纪90年代的一段时期里，柏林大天文馆与民主德国建造的其他许多建筑一样面临着被拆除的威胁。但它在2016年被彻底翻新了。今日，天文馆与其中社会主义晚期的绘画，以及民主德国首位领导人的大型纪念碑一同矗立在开阔的恩斯特·台尔曼公园边缘。这些标志背后那个现已不复存在的国家，努力在天空中而不是在地球上寻找启示，至少它通过这种方式在一定程度上证明了自己。

我们讨论了欧洲许多有趣的天文馆，那么英国呢？它可是约翰·弗拉姆斯蒂德（John Flamsteed）、埃德蒙·哈雷（Edmond Halley）、威廉·皮尔逊（William Pearson）及其他众多杰出天文学家的故乡。与多数欧洲国家所不同的是，直到20世纪50年代后期，英国民众似乎对天文馆仍无兴趣。当时已有的天文馆技术被认为过分"德国化"，但英国人总可以发明他们自己的投影仪吧？最终国家自豪感让位于实用主义，新天文馆还是订购了最新的蔡司投影仪。

伦敦天文馆一定是世界上唯一一座与蜡像联系在一起的天文

馆。这一联系的确相当随意——这两种截然不同的商业活动恰好由同一家娱乐公司运营，但蜡与星星之间其实存在着众多联系，将两者放在一起也有特定的逻辑。杜莎夫人蜡像馆一向被认为是可敬与可鄙、真实与虚幻及病态与鲜活的奇妙混合体。杜莎夫人（Madam Tussaud）本人在法国大革命期间开启了她的职业生涯，从制作被斩首者头颅的蜡复制品开始。在19世纪，蜡像逐渐变得更富内涵，杜莎夫人制作了英国皇室以及纳尔逊司令（Admiral Nelson）等英雄的模型，并创作了英国历史上著名事件的舞台造型，例如苏格兰女王玛丽一世（Mary, Queen of Scots）被斩首和塔中王子疑案。曾经地处这一位置的电影院在1940年德军的轰炸中被摧毁。相当奇怪的是，直接击中建筑物的炮火毁灭了一切，除了阿道夫·希特勒和其他纳粹领导者的蜡像。到了20世纪50年代，流行娱乐开始转向电视和电影，蜡像这个概念变得越发单调和陈旧。人们能够从杂志中的照片看到名人们的样子，而不用依靠常常不怎么值得信赖的蜡制人像。但既然原本的电影院被毁，现在就有足够的空间开发一栋独立的天文馆建筑了。这个大胆的举措旨在展现蜡像馆在科学和教育上具有前瞻性的形象，提升它作为一个公众机构的声誉。这两个建筑将会彼此平衡，天文馆重现恒星和行星，而蜡像馆则提供在世和过世的名人的仿制品。

伦敦天文馆于1958年4月开馆，它的设计要归功于建筑师乔治·瓦特（George Watt）和R.特拉弗斯·摩根建筑公司的工程师。从苏格兰移民到南方的瓦特擅长修复被炮弹破坏的场所，他在此之前和之后的作品远不如这般优雅精致。他很可能只是个协调者，

伦敦天文馆外观

雇用其他具有天赋的建筑师设计这一建筑。这座天文馆属于保守的古典主义建筑风格，在灵感来源上与斯大林格勒的建筑并没有那么不同，但较为谦逊保守，更加适合英国的文化。

这栋建筑最突出的部分是由钢筋混凝土建造的覆铜的圆顶，现已锈蚀成一种富有光泽的绿色。圆顶坐落于一个凸起的混凝土平台之上，平台则由一圈带有特制基座的混凝土柱子支撑，以减少地铁列车带来的震动。在天文馆所在的马里波恩路大部分路段的下方，运行着伦敦地铁的环线、大都会线和汉默史密斯及城市线。圆顶直径20米，由当时标准天文馆投影设备的技术要求决定，但它对于有限的空间而言有些太大了，整栋建筑物挤在一条小街和蜡像馆巨大的主体建筑之间。不过从马里波恩路看过去，相较于旁边的贝克街地铁站和本身带着沉重的历史感的杜莎夫人蜡像馆，天文馆的整体效果简洁而有力。这栋建筑既有古典的形式，又像其他许多天文馆一样有一丝荒诞。它让人联想到一座罗马神庙，又像一个被拱形金属罩盖着的过大的餐盘，抑或是某个绿色行星的上半部分，建筑的水平面则是它的环。这是古代宗教、美食学和天文学不同寻常的混合。在圆顶上方的细杆上是一颗更小的白色行星模型，这位天体模型老朋友的短暂消失在本次旅程的开端曾被提及。

如今这一建筑发生了很大变化。在建筑底层，曾经有环绕圆顶底部一周的发光标志，以清晰的字体拼出 THE LONDON PLANETARIUM（伦敦天文馆）的字样。一层薄薄的水平面从圆顶向外伸出作为顶棚，下侧刻有黄道十二星座的形象。天文馆临街的入口直接通向圆顶空间下方的大厅。前厅以那一时期精简的古典–现代主义风格设计，垂直的翼形结构表面贴着米黄大理石和拿破仑大理石，还有马赛克地板以及一个相当典雅的独立票务亭。天花板最初被涂成天蓝色，被日光照亮的水平开放的大厅则让参观者准备好进入上方黑暗且封闭的竖直走向的夜空礼堂。门

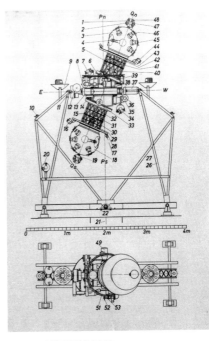

伦敦天文馆投影仪图纸

厅后方的大楼梯将两层建筑连接起来。

礼堂四周是一圈表现伦敦天际线的带状装饰，将这内部空间及其对宇宙的雄心壮志坚定地带回英国。这种"英国感"被伦敦天文馆原馆长约翰·埃布登（John Ebdon）带着典型英国上层口音的画外音进一步加强。埃布登是一位自学成才的天文学家，他曾做过演员，之后还成了提供实时评论的电台评论员。与贝尔纳·朗瑟洛提到的巴黎天文馆20世纪50年代的讲解员不同，埃布登给予这些宏大的天体运动一种令人感到舒适而有些异想天开的感觉。不过这栋建筑物所隐含的远比它揭示的更多，这种简单舒适的感觉也具有欺骗性。这里无意识地回荡着最古老的宇宙学观念的声音：地球是个静止不动的扁平圆盘，由立柱支撑，这些柱子立在某种不确定的苍穹上，被其他物质组成的无边的海洋环绕，而天空尺寸有限，是缓慢旋转着的群星的投影。所有这些似乎都由某种神圣的力量驱动着。

伦敦天文馆作为一个半独立的企业运作，由英国天文馆协会运营，有独立于杜莎夫人蜡像馆的单独的入口。它有点看不起自己的邻居，鉴于对宇宙运转的科学展示比起制作罪犯和名人等历史人物的肖像似乎是更为高尚的使命。事实上，两者皆身处模仿的行当，都在创造自然世界的复制品，但它们使用不同的比例，且一个利用光束，另一个则利用蜡。谁也不能全然令人信服。蜡像总带有一种病态的、目光呆滞的感觉，就像是活在某个没有太阳的死后世界一般，而天文馆中的恒星和行星则仅仅是巧妙的投影。然而随着时间的流逝，杜莎夫人的蜡像开始渗透到天文馆中，就像纳塔莉·萨罗特在伦敦天文馆开馆同年发表的小说逐渐变成了现实一样。蜡像服务员被放在门厅中，调皮地迷惑着参观者。他们后面是著名现代天文学家的人像，例如帕特里克·莫尔（Patrick Moore），他是英国广播公司深夜电视系列节目《仰望夜空》（*The Sky at Night*）的古怪主持人，此节目开播于天文馆开馆的前一年（1957）。哥白尼、开普勒、爱因斯坦等杰出天文学家的人像同样以戏剧化的姿态被放置在门厅里。参观者能够在这些过去的科学家面前毫无拘束地游览，就像他们之前漫步于皇室成员、足球名人、电影明星以及恶名昭彰的罪犯的蜡像之间那样。尼尔·阿姆斯特朗和巴兹·奥尔德林从1969年起就在杜莎夫人蜡像馆的主建筑中候客，两人穿着宇航服站在微缩的月球上，毫不在意地将他们的头盔夹在胳膊下。

伦敦天文馆作为一场虚构的宇宙灾难发生地的潜质很早就被

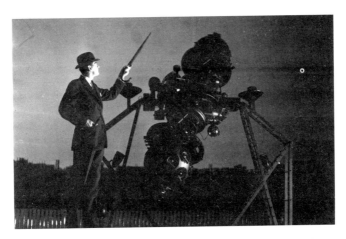

伦敦天文馆宣传照

J. G. 巴拉德（J. G. Ballard）发现，并呈现在小说《被淹没的世界》（*The Drowned World*，1962）中，这时距天文馆开馆仅过去了4年。小说的故事设定于未来的某个时间，世界被融化的冰盖和永久冻土所淹没，这是韦利科夫斯基场景的现代翻版，只不过起因是过热的太阳，而非偏离轨道的彗星。气候回到了一种利于巨型蜥蜴和昆虫生存的侏罗纪般的状态。在小说中，剩下的少数人类居住在豪华酒店及其他从沼泽般的水体中突出的高楼的上面几层，而天文馆的圆顶可以在水面下几米处被发现。故事的叙述者罗伯特·卡恩斯（Robert Kerans）博士决定进入这个建筑，他穿着潜水服潜至原本的街道的深度。一栋被软体动物、双壳类动物和海洋植物的叶片所覆盖的建筑物出现在他眼前。卡恩斯发现建筑内部所有的结构都在原位，例如票务亭、通往观众厅的阶梯以及经理的小间。

　　黑暗的拱顶和被淤泥掩盖的模糊墙壁在他面前升起，像一个超现实主义梦魇中铺着天鹅绒的巨大的子宫。黑色不透光的水仿佛固体的竖直帷幕一般挂在墙上，像为隐藏深处的终极圣殿一般遮蔽着观众厅中央的讲台。不知为何，大厅子宫般的图景被一圈圈座位加强而不是弱化，卡恩斯的耳中响起沉重的声音。他不确定自己听到的是不是梦境里微弱的潜意识中奏响的安魂曲……淤泥形成的深深的摇篮像个巨大的胎盘，轻柔地包裹着他……在他的意识渐渐模糊之时，他看到上方很远处的古老星云和星系的光芒穿过这子宫中的夜色，但最终连它们的光线也暗淡下来，而他的意识只剩内心最深处自我认知的隐隐微光。

巴拉德对被淹没的天文馆内部的描写十分精确，这显然是源于现实中一次或一系列参观的记忆，与先前引用的记述形成鲜明对比。书中核心部分的天文馆场景混合了巴拉德一直以来关心的许多主题——城市衰败、潜意识、洪水、通过宇宙极端体验得到的狂喜状态。天文馆并非只是一个科学仪器，它是人们在恒星系统的奇迹面前经历一种狂想状态的去处，这一状态会将人推回出生前的记忆之中。在巴拉德的描述中，这栋建筑既是充斥着死去物体的坟墓，又是孕育着人类存在的下一个阶段的子宫。

直到现在，巴拉德的洪水还没有淹没伦敦。伦敦天文馆由于其他原因停业了。可以预见的是，蜡制的名人终将战胜天上真正的群星。1995年，天文馆出售了自己的"灵魂"，将已经过时的蔡司机械投影仪换成了灵巧的新型益世数码星二号。这台新投影仪有着包含对3D太空旅程的展示在内的数字投影技术的所有优势，尽管它的屏幕分辨率比旧的蔡司投影仪要低。节目的核心已经不在了，蔡司投影仪也被运到了奥尔顿塔主题公园，一度壮观的机器如今被解体，废弃的零件躺在游乐设施之间。不像芝加哥的阿德勒天文馆或纽约市的海登天文馆，伦敦天文馆地处拥挤的市区，无法进行扩建。在20世纪90年代，新管理层运营下的杜莎夫人蜡像馆将天文节目从45分钟压缩到10分钟以增加客流，导致年幼的观看者中出现了大量晕动病的情况，随之而来的后果也可以预见。

底层的门厅被一个能够纵览伦敦历史的娱乐设施占据，而伦敦著名居民的蜡像——例如亨利八世（Henry Ⅷ）和伊丽莎白二世女王（Queen Elizabeth Ⅱ）——则以生硬而机械化的动作向路过的行人点头。最终，这一浮士德式的协议走向了其无法避免的终结，天文节目于2006年停止上演。投影大厅目前被用作播放超级英雄电影的4D（四维）影院。

　　作为马里波恩路天文馆的替代，彼得·哈里森天文馆于2007年建成，成为伦敦东南部的格林尼治天文台的一部分。这是一处只能容纳120位观众的地下场馆，直径11米的圆顶下，座位全部朝向同一个方向，由一台数码投影仪投射夜空。地面上，一个灰色大圆锥标记着地下投影室的位置，圆锥南侧以51.5度的角度倾斜，带有一条凹槽，始终与北极星附近的北天极对齐。圆锥顶端被一个平面截断，角度与北极地平面相同。这些细节对参观者而言并非全都显而易见，因此天文馆具备解释学的对象的某些特点，也有着它自己的天文学秘密。彼得·哈里森天文馆是一栋精美的建筑，但它无法取代地处市中心的伦敦天文馆，后者曾经是城市地标和学童的重要去处，也是半个世纪间大众对天文学的兴趣的标志。屋顶上被照亮的小星球回到了原位，但真实星空的精神已经离开了。

　　如果要考虑冷战期间真正创新的天文馆，我们必须超越将世界分为东西方的想法，看到那些并未结盟的国家。20世纪60年代的印度天文馆的独特之处在于，它们对本地文化中的建筑类型学加以改进，来安放欧洲的发明。印度有着可追溯至公元前1 200年的悠久天文学传统，在最古老的梵语经文吠陀中就有对于天文学的研究。在中世纪早期，印度进行了当时最为先进的天文观测，5世纪的《阿耶波多历书》(*Aryabhatiya*) 提出了一种复杂的宇宙论，包含计算行星及其他天体位置的方法。印度也有将建筑与天文学联系在一起的历史。位于斋浦尔的简塔·曼塔（意为"计算仪器"）天文台拥有一系列18世纪的大型天文仪器。这座天文台由拉杰普特王萨瓦伊·贾伊·辛格（Sawai Jai Singh）于1724—1738年建造，它展示了另一种研究天空的方式。正当欧洲科学家用复杂的透镜和机械构建尺寸更小、越发精细的仪器之时，简塔·曼塔天文台反其道行之，建造大型的设备。这19台仪器能够追踪星迹、测量时间的流逝并观测行星的移动，还有些其他用途，它们超越了建筑和雕塑的尺度，其形式令人想到一段段阶梯、半球形的空腔以及环形列柱。阿根廷作家胡利奥·科塔萨尔（Julio Cortázar）于1968年拍摄了这些结构，并在他的抒情作品《天文台散文》(*Prosa del Observatorio*) 中提到这些结构事实上是对天文学暴政的一种挑战：

　　每一本科学手册和旅游指南都将它们描述成为观测恒星而设计的仪器，精准、明确，由大理石建成，但那里同样有贾伊·辛格所感知的世界的形象。这些设备不仅仅是为了测量恒星的轨迹而建造的，贾伊·辛格是位对抗天文学宿命中绝对真理的游击队员，他的梦想不止如此……这是对抗行星及它们的上升与相合的暴政的完整形象，是一份隆重的回应。贾伊·辛格——一个衰落小王国的苏丹，引领了星光。

这究竟是与行星暴政的对抗，还是在挑战西方科学对天文学的完全掌控？科塔萨尔似乎在暗示，表面上看来天文台是以天文观测为目的，但这并非建造这些结构的唯一原因，它们的起源事实上来自其他某些隐藏的逻辑。印度天文馆以它们的方式追随着贾伊·辛格的天文台。所有的天文馆建筑都具有与科学相关的实用目的，但建筑本身也时常暗示着它们与宗教、宇宙的早期理论以及失落的文明有所联系。在此之外，印度的天文馆与西方的那些有着特殊的联系，因为它们通常配备了西方天文馆中使用过的类似投影仪的设备。这些设备在西方被认为过时后又被翻新，并在印度重新投入使用。机械上的独创性在欧洲和美国消逝很久后，还在印度延续。投影仪的技术被传承下来，但有些时候它被用于与原本意图略有不同的目的。

印度的第一座天文馆于1953年在浦那开幕，它有一台来自费城的二手斯皮茨投影仪和能容纳100名观众的小圆顶。当地维持古老机械运转的能力出众，这台分辨率比许多数字投影仪还高的设备被不断维修，至今还能运行。其他印度天文馆与提供资金支持的政治和商业人物相联系。加尔各答的 M. P. 比拉天文馆建于1963年，以一家大型工业企业的创始人命名。天文馆的入口像一个电影院，上面以三种语言大大地写着比拉的名字，建筑同心圆平面图的设计则来源于芝加哥的阿德勒天文馆，还有一个似乎基于佛教桑吉大塔的圆顶。它成功地融合了这些彼此独立的传统。位于圣雄甘地的出生地——古吉拉特邦博尔本德尔的尼赫鲁天文馆（1965）令人想起英属印度，建筑的圆顶建于又长又低的外墙上，顶端不寻常地冠有另一个更小的圆顶。

在现代工程学和传统宗教建筑的交互中，最具创新性的建筑是斯里兰卡科伦坡的天文馆，它由杰出的工程师、预制混凝土专家A. N. S. 库拉辛哈（A. N. S. Kulasinghe）设计，并于1965年作为工业展览会的一部分开放。库拉辛哈将他对混凝土的实用专长与作为指导信念的佛教思想结合起来。他的其他项目还包括1956年的菩提查亚舍利塔，这是一座位于科伦坡港入口的巨大佛塔，坐落于拱形结构交错而成的平台上，对传统宗教形式与现代工程学进行了绝妙的融合。科特梅尔的马哈威利玛哈沙耶是另一座佛塔，位于科特梅尔水库附近的乡村，有直径60米的超薄圆顶，佛塔始

M. P. 比拉天文馆，印度加尔各答，1963 年

建于1983年但迄今仍未完工。两者非凡的圆顶结构都有成为优秀的天文馆的潜质。

科伦坡天文馆的建筑基于莲花的形态，以一组预制折板混凝土元件建造，它们在马来西亚制成后被运到斯里兰卡。在顶端，结构向外发散，构成一圈尖刺围成的冠。在底部，结构向外向上折起，既保证了折叠元件的结构强度，又充当着天文馆的入口。这栋建筑也让人想起了费利克斯·坎德拉的一些作品，它像是墨西哥城风扇广场的雕塑，但被竖直翻转了过来。在民主德国对发展中国家的另一份慷慨协议中，耶拿蔡司公司向斯里兰卡提供了卡尔蔡司股份公司星空投影仪，因此这栋建筑也与民主德国有了联系。不过库拉辛哈显然能自己做主，不需要他人的任何协助。天文馆的建筑结构是工程学原理和源自宗教传统的形式的奇妙融合。

萨达尔·帕特尔天文馆，巴罗达，1976 年

斯里兰卡天文馆，科伦坡

它至今仍立在一个小湖旁边。里面的投影空间仍设置着木质座椅，每把都带有一个特别的头枕，专门为躺着仰望人造夜空所设计。在晴朗的夜晚，外面的区域有大群穿着白色制服的儿童，他们排队通过望远镜观察夜空。而库拉辛哈的建筑物被柔和的光线照亮，像是个设计灵感源自植物的外星飞船，不确定自己该上升还是降落。

在拉丁美洲，与天文有关的事物有着自己的特质。第二次世界大战后最早建造的大型天文馆出现在南美洲，它们也像印度的那些建筑一样独具特色。1955年蒙得维的亚的天文馆在市长、天文爱好者赫尔曼·巴尔巴托（Germán Barbato）的推动下建成开放，并和他的名字联系在一起。蒙得维的亚似乎并不像拉丁美洲第一座天文馆会出现的地方，但与其他地区以国家推动的建设或有关教育和军事背景的初衷所不同的是，许多拉丁美洲的天文馆诞生在天文爱好者和职业天文学家的热情中。这或许解释了它们身上不受建筑传统所束缚的新鲜感，因为建筑传统通常与市政府向民众提供科学演示的愿望相联系。蒙得维的亚天文馆是一个基于20世纪20年代耶拿公主花园天文馆模型的简单圆顶建筑，配备了史上第一台斯皮茨投影仪——当时还没有任何蔡司公司的产品可供使用。这台斯皮茨投影仪如今还在运作。大众对这一新建筑的热情似乎相当高。新文化机构的到来引发了大众骚乱，最终导致军事管控。第一任馆长奈杰尔·沃尔夫（Nigel Wolf）以一种或许在南美洲人中十分典型的忧虑写道："人们对蒙得维的亚天文馆的开放极其激动……但绝对没有到需要防暴警察小队来控制想要入场的人群的地步。"

其他南美洲国家紧跟蒙得维的亚的步伐。1957年，一座天文馆于圣保罗开馆，位于伊比拉布埃拉公园。该公园由奥塔维奥·奥古斯托·特谢拉·门德斯（Otávio Augusto Teixeira Mendes）进行景观设计，其中还有奥斯卡·尼迈尔（Oscar Niemeyer）设计的各种建筑。公园有供公众使用的大片绿地，当中点缀着各种受欢迎的文化建筑与足球场，并被视为圣保罗的现代化到来的标志。天文馆与附近的天体物理学校一同精心展示着圣保罗的天文学家和科学家所具备的现代性。设计天文馆的建筑师是罗伯托·戈拉特·蒂博（Roberto Goulart Tibau）、爱德华多·科罗纳（Eduardo Corona）和安东尼奥·卡洛斯·皮通博（Antonio Carlos Pitombo），他们沿袭了尼迈尔创立的巴西现代主义建筑的路线。圣保罗的天文馆建筑与三年前建成的斯大林格勒天文馆以及一年后的伦敦天文馆之间的对比极为明显。这栋建筑轻巧而简洁，现代又有趣，是在1929

年莫斯科天文馆后建成的第二座真正意义上的现代主义天文馆。建筑部分下沉，展览室位于楼下，投影室则在楼上。投影大厅被半球形的混凝土壳包裹，其上覆盖的铝板带有一圈亮黄色边缘。盖在入口上的轻质铝制天棚向外延伸，令整个建筑像一个降落在这些绿植间的飞碟，或是一顶活泼的棒球帽。通往入口要经过一个弯曲的缓坡，缓坡先降至黑暗之中，然后在光亮中再次出现，这一设计后来在尼迈尔的巴西利亚主教座堂的项目中重现。一代又一代的圣保罗学童参观了这栋建筑，并观看关于城市里的夜空的节目。与巴黎和伦敦的天文馆相似，大多数圣保罗人将这座天文馆与脑海中一段经典的童年回忆联系起来。

　　与圣保罗的建筑相似的是布宜诺斯艾利斯的伽利略天文馆。一群阿根廷天文学家于1927年参观了耶拿的天文馆，在当时拍摄

阿里斯托特莱斯·奥尔西尼天文馆，圣保罗，1957 年

的照片里，坐在木椅子上的他们在巨大的蔡司哑铃形投影仪前显得像小矮人一样。他们提议在布宜诺斯艾利斯造一座天文馆，但没有成功。30多年后，另一群隶属于当时的社会主义市政府的天文学家终于在1959年成功促成了天文馆的项目，作为开放城市文化及普及科学的运动的一部分。新建筑于1967年开放，位于二月三日公园，这里从前是19世纪阿根廷铁腕人物胡安·曼努埃尔·德·罗萨斯（Juan Manuel de Rosas）的地产，如今已变成拉普拉塔河旁一个带有树林、池塘、玫瑰园和可供划船的湖的广阔的公园。

天文馆的建筑师是来自城市建筑部门的恩里克·扬（Enrique Jan）。扬是个不寻常的人物，他只建造过这一栋建筑，并且花了自己人生中的10年来实现它。在从他的遗孀比阿特丽斯·科尔东·扬

伽利略天文馆，布宜诺斯艾利斯，1968年

（Beatriz Cordon Jan）处得来的一张照片里，扬的形象是一个穿着菱形图案套头衫的方下巴男人，他似乎是在一个花园里，被树枝半遮着，看向他的右边，仿佛没有被定格在相片中而正飘向其他某个地方一般。最初扬希望新天文馆的圆顶被一根单独的柱子支撑，周围带有他称为弗兰克·劳埃德·赖特风格的螺旋阶梯，但这一设想缺乏结构上的稳定性。扬提出了第二个方案，保留了带有阶梯的柱子，但另外加上三条钢筋混凝土支架。外部圆顶由8毫米厚的预制混凝土板制成，直径为21米。天文馆内部装有为蔡司马克四号投影仪配备的铝制半球银幕，这是位于上科亨的联邦德国蔡司公司所制造的第一台投影仪。像圣保罗的天文馆一样，这栋建筑部分下沉至地下，但由主圆顶以及一条环形长廊组成的主体被三根支架撑起并抬离地面，呈现出一颗悬浮在公园上空的行星般的效果，或者是又一个飞碟，乃至一顶草帽（这一效果由圆顶预制板上的图案造成）。

　　一颗行星，一艘外星飞船，一顶帽子——扬想要达成什么效果？当时，这位建筑师自信满满，将他的设计描述为"从物质最初的基本粒子到我们所处的宇宙演化之间所发生的一切的一种解释"，相当令人费解。建筑的结构阐释着一种进化的过程：底座的等边三角形先是变成六边形，之后是菱形，最终达成完满的圆形。扬既是一位考量着形式和结构的务实的建筑师，又是一个将三角形视为一种神圣符号（圣三位一体）的神秘主义者。他因在被要求解释其建筑上的决策时保持沉默并抬头看向天空而闻名。在后来的文章《理解天文馆的关键》（Claves para entender el planetario,

在扬去世后于2007年发表）中，扬进一步写道：

> 　　这段时间我对东方产生了兴趣，尤其是艺术的合成能力、
> 书面语言以及表意符号。对能读懂它的人来说，信息就在那
> 儿。天文馆是一个建筑表意符号……参观者通过一座由三角
> 形组成的连接建筑内外的桥进入。三角形是能够围住二维平
> 面中区域的最基本的几何图形……三角形由二维跃升至三维
> 空间，形成两个倒置的四面体，一个支撑着地面的底座并使
> 其顶端升至天空中，另一个与前者相互交错，从天空降到地
> 面上。

扬加入了其他将天文馆与时间的流动相关联的构想："时间的
本质是环形的，它体现在四季的变化中，体现在出生、生存与死
亡的循环之中……围绕圆顶的环形长廊被抬升起来，传达着这一
信息。"然后是与人体结构的对比：

> 　　天文馆的中心轴上是一台将底部与高处相连的液压升降
> 机，正如人类的脊柱连接了骶骨（这块骨头被人们不可思议
> 地认为是神圣的）和颅顶那样。颅骨内部上演着对我们感知
> 到的周围的世界的虚拟表现。

如果布宜诺斯艾利斯天文馆是一个表意符号，它显然汇集了
各种各样的含义，不仅仅像是行星、宇宙飞船和帽子，它也成了

神圣几何结构的供给者、时间机器，以及人体结构和我们组织虚拟图像的能力的隐喻。

从建筑的外观中看不到这一切，只有在优美的平面图和剖面图中才能找到这神圣几何结构的些许踪迹。这并不重要，用扬的话说，表意符号是为了那些希望解读它的人存在的。伽利略天文馆本身就很精彩，它的内部结构轻质而宽敞，而外部圆顶的表面在夜间被点状光源照亮，成为又一个对星空的暗喻。

这栋建筑被用于与天文相关的各种其他用途。它是1979年手风琴演奏家亚历杭德罗·巴莱塔（Alejandro Barletta）的音乐作品《五首宇宙的前奏曲》（*Cinco Preludios Cósmicos*）的演出场所，重新带回了行星际音乐以及约翰内斯·开普勒曾探索过的球体间的和谐的概念。同一年，天文馆外部展示了出生于捷克斯洛伐克的阿根廷雕塑家久洛·科希策（Gyula Kosice）的作品"流体太空城市"（Hydrospatial City）的大尺寸模型，这是一组对太空中行星般的城市的提案。科希策以那一时代的精神，将这些城市描述为"包含大量无法被分类的星球的栖息地，是间歇假期的去处，是人可以同时处于活着和死去的状态的多维空间，是史前极光中的猎物，或是从科希策的太空飞船上远程遥控卫星"。在那时的一张蒙太奇相片中，一列困惑的学童从各种模仿建筑物巨大球形圆顶的半透明环形结构下走过。

布宜诺斯艾利斯作家、建筑师古斯塔沃·尼尔森（Gustavo Nielsen）以一种顽皮的方式，叙述了一个关于布宜诺斯艾利斯天文馆的城市传说。据尼尔森所说，恩里克·扬不仅有神秘学倾向，

布宜诺斯艾利斯天文馆与流体太空城市的拼贴图

还相当迷恋雷·布雷德伯里（Ray Bradbury）的科幻故事集《火星纪事》（*The Martian Chronicles*）。1959年，扬得到了1947年出版的该书的第一版英文版作为礼物。布雷德伯里曾宣称其著作的第一版印本具有特殊的保护力量，这毫无疑问对他书籍的销量有所帮助。尼尔森叙述道，"扬将这本神奇的书分成了三部分，每部分都放在一个金属盒子里，再焊上盖子。之后他将它们藏在钢筋混凝土中……一些工人看到了他这么做。扬对此并不在意，因为他的建筑受到了'保护'"。1997年，布雷德伯里在参加布宜诺斯艾利斯一次文学会议的期间参观了天文馆，一张照片记录下他的到访。据尼尔森所言，布雷德伯里试着寻找书籍的三部分，还在外部圆顶与半球形银幕之间的空间迷了路。这段故事流传甚广，并作为真实的事件被收录在天文馆发放的一份传单中。这有什么不好呢？这栋建筑有太多尚待解释的神秘之处，而故事不过是为它再添一分虚构的色彩罢了。

　　布宜诺斯艾利斯天文馆仍矗立在公园中。数十年来的政局动荡、政权更迭以及肮脏而恐怖的战争令与天文馆相关的科学文化陷入停滞，而天文馆本身则始终维持着现代又神秘的感觉。建筑

索拉尔山天文馆，秘鲁利马，1960 年

前方的地面上有一块大陨石，它的环形长廊中还有一小块装在盒子里的阿波罗 11 号任务带回的月岩，它们都为这里提供了额外的地质与天体相联系的乐趣。到了晚上，天文馆周围的天文爱好者用他们的望远镜研究晴朗的夜空，附近的其他人则为这个地点增添了更多尘世的味道。

　　最后要介绍的是选址最特别的拉丁美洲天文馆，它于 1960 年开馆，位于秘鲁首都利马郊区的索拉尔山。这栋建筑也是由天文爱好者建造的，他们当中有 7 位当地天文社团的成员，分别是 5 位工程师、一位神父和一位医生，建筑由工程师、天文学家何塞·卡斯特罗·门迪维尔（José Castro Mendívil）与维克托·埃斯特雷马多罗（Victor Estremadoyro）设计。天文馆坐落在山脊的一片红土之上，俯瞰城市和海面，位于一座小天文台和一座半毁的教堂之间。这是一处对前印加人民（伊兹玛人）具有宗教意义的地点。在这里，或许能感受到阿德里安娜·里奇提到过的某种无形的波。天文馆所在的山上有各式各样的纪念碑，包括献给教皇约翰·保罗二世（Pope John Paul Ⅱ）的由塔架建成的发光十字架、被称为"太平洋基督"的37米高的雕塑和各种军事纪念碑，山顶还有大量信号发射塔。天文社团在20世纪40年代后期选择了这一地点，这里晴朗的夜空对天文观测而言十分理想。像洛杉矶的格里菲斯天文台一样，索拉尔山上的天文馆被简单地建在了原有的天文台旁。圆顶以铝包覆，带有横向伸出的边缘，坐落于朴实的砖墙之上。这栋建筑将天文馆的概念简化至最低限度。圆顶内部的圆周绘有一圈利马主要建筑的景观，是那一时期的天文馆中经常出现的剪影的一种变体。就连球形恒星投影仪都是工程师卡斯特罗·门迪维尔自己设计并制作的。

谁会去参观远离城市的山上的天文馆呢？在一张拍摄于20世纪60年代的照片里，建筑四周是许多大型汽车，它们全都停在山脊上，朝向大海。索拉尔山上这座天文馆依然是世界上由天文爱好者运营的最古老的天文馆，它一定很受欢迎，不久前一群具有数字化意识的天文学家刚刚翻修了它，老化的球形恒星投影仪被一台新的数字投影仪所取代。馆内的节目一周上演三次，可同时面向200名观众。秘鲁的知名作家们对它始终不感兴趣，但最近刊登在《秘鲁21》（Perú.21）上的一篇文章写道："今天早上这个地方里里外外挤满了来自三个学校的孩子。他们观看的节目里出现了数字投影出的天空、行星和恒星的形成过程以及星座。孩子们在这里跑来跑去、指指点点、上蹿下跳。"投影大厅内展示着反映外面世界多样性的物件——望远镜、火箭、石陨石、伊兹玛遗迹、化石和军事装备。这里没有强烈的紧迫感，没有太空竞赛，只有一个山脊上的简单金属圆顶。

第五章

现代天文馆的进化

让我们回到简单得多的埃及太阳女神努特的时代。她装饰着星辰的躯体覆盖了地球的表面。她在傍晚吞下太阳，又在清晨再次生下它——这是对人类灵魂无尽转世轮回的表现。诸如此类的概念，哪怕本质上不可捉摸，也能以壁画这种法老墓中与女神的神话相匹配的形式被阐释。任何人都可以理解对夜空的景象，哪怕这一理念背后隐含的复杂性在当时只被祭司们所参透。

　　鲍尔斯费尔德位于耶拿的天文馆有其自身的简单之处。它能表现行星系统围绕太阳的运动，虽不及努特的神话有魅力，但每个人都能理解。星空剧院的演示模拟了观察者在晴朗夜空中所能看到的景象，但没有阐明当时天文学的复杂性。这些问题早已超越了普通的观察者，比真实的夜空这一简单景象要深远得多。天文馆圆顶的结构适用于具有明确边界的太阳系的概念，复制了从地球看到的真实夜空景象。在一段短暂的时期中，天文馆建筑的外部和内部可以属于同一个系统。

　　但时至今日，我们需要考虑不计其数的宇宙现象，它们难以与任何有限的建筑空间相对应。这些事物通常自身就缺乏清楚的形态，或根本不存在于我们的视野范围之内。这份名单以特定的

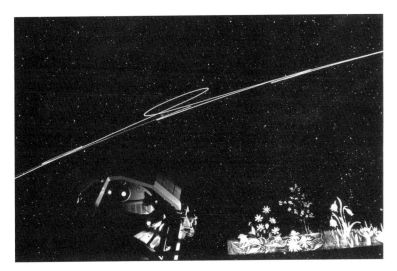

蔡司投影仪投影出的火星和木星轨道，1996 年

天文学韵律延续着——黑洞、褐矮星、类星体、脉冲星、宇宙线、不同"味"的中微子①、大质量弱相互作用粒子（WIMP）、不确定性原理、微扰理论、虫洞、白洞、轴子、暗流体、狄拉克海、外星人通信、多重宇宙以及其他许多在这一科学猜想恣意发散的领域中目前仍仅存在于概念上的事物。天文学及相关的宇宙学和天体物理学成为各类潜在有趣现象出现的绝佳场所，好比那些中世纪天文学家提出来填充天空中空余位置的精彩的动物和人类形象，或者文艺复兴时期宇宙学家假想的各个等级的天使以及其他天上的存在。这些现象中有许多源自当代科学的理论主张，但没几个能用裸眼在地球表面观测到，绝大多数都需要运用极其精密的仪

① 中微子有三种类型，或者说三种"味"（flavour），分别是电子中微子、μ中微子和τ中微子。——编者注

器探测、研究并解读。我们几乎什么都看不到，因为这些事物过于遥远，并且当中许多本来就不可见。可见的和纯粹物质性的存在渐渐被贬为了次要角色，因为宇宙如今在本质上被认为是不可见且无形的。现在的天文学家推测（但无法真的确定，因为理论和反理论皆发展迅速）暗物质和暗能量在宇宙构成中的占比远超90%。因此，我们人类甚至不是由与宇宙的绝大部分相同的物质组成的，我们或许只是一个大得多的故事中微不足道的一小部分。这一推断的影子能追溯到诗论和貌似早已被抛弃的远古神话。天体物理学家弗兰克·克洛斯（Frank Close）在《虚无》（*Nothing*，2009）一书中，对比了现今为分辨什么存在而什么不存在或可能不存在所进行的探索与《梨俱吠陀》中的古老经文："不是不存在的，也不是存在的/黑暗被黑暗所掩盖/它变成的被虚空所包围。"天文学的精确性正逼近神秘诗论的模糊性。一座阐释虚无原理的天文馆会是个有趣的提案。

　　戏剧艺术处于更具实验性的前沿，一向对虚无和不可见的剧院这一概念很感兴趣。不可见并不意味着什么都不存在，只不过有某些事物无法被感知，而存在于我们感官之外的事物感觉上像是虚无罢了。彼得·布鲁克在《空的空间》中问道："不可见的事物能否通过表演者的存在变得可见？"他思考着演员该如何表现在其他情况下隐藏着的内在存在。波兰剧院导演塔德乌什·坎托尔（Tadeusz Kantor）发出了"再之后，什么也没有！"的呼声，暗示着之后等待着的只有巨大的空虚，并不是特别明确，还带有某种凄然的愉悦。20世纪40年代，坎托尔在他的笔记中写道：

空间，

不具备出口或边界；

后退着，渐渐消失，

或全方位地以变化的速度接近；

它向所有方向散开：向边上，向中间；

它升起，坍缩……

备受争议的奥地利剧作家彼得·汉德克（Peter Handke）在他高度实验性的、在黑暗中表演的剧作《骂观众》（*Offending the Audience*，1969）中写道："你不会看到假装是另一种黑暗的黑暗。你不会看到假装是另一种明亮的明亮。你不会看到假装是另一种光的光。你不会听到假装是另一种声响的声响。"仿佛戏剧表演不需要表现外部世界的任何事物，这样的想法天文馆还未曾考虑过。戏剧在坎托尔和汉德克所处的那段令人陶醉的时期之后变得保守起来，而天文学则接管了不可见和虚无的领域。

不可见有更平凡的一面。从地球表面看到的夜空景象一直以来都是天文馆传统意义上的出发点，但夜空在渐渐被遮蔽。2016年6月，意大利光污染科学技术研究所和美国国家海洋和大气管理局的一项联合研究指出，由于光污染，60%的欧洲人及80%的北美洲人无法再分辨我们星系的光带，而世界上超过30%的人无法再分辨银河。来自路灯和其他人造光源及照明设施的光线直达夜空，被大气层中的水滴反射从而产生一种"天光"。如果能关掉城市里和高速公路旁的所有电灯，这种光污染便会减轻，这样的问题从奥斯卡·冯·米勒的时代就开始逐渐显现。

　　虽然我们在夜空的视野不断缩小，但太空探测器正以惊人的精度观测到越发遥远的事物。1990年，哈勃太空望远镜在推迟多年后发射了，它是第一个能够从地球大气层之外进行观测的望远镜；1992年，宇宙背景探测者卫星开始研究来自大爆炸的辐射；1997年，卡西尼号探测器被发射向土星，它的着陆器惠更斯号于2005年降落在土卫六上；2012年，观测天文学家使用夏威夷的凯克望远镜提供了黑洞存在的第一份证据；2015年，13亿年前两个黑洞合并产生的引力波被位于路易斯安那州和华盛顿州的激光干涉引力波天文台（LIGO）探测到；2017年，旅行者2号探测器正在接近星际空间，而朱诺号探测器已经穿过了木星极不稳定的磁场并开始了它37圈绕轨计划的第一圈。这些探测器能向地球发回高分辨率的图像，并对其视场进行可视扫描。但它们也受到限制。不断膨胀的宇宙中有一些现象距离我们太过遥远，来自那里的光线还来不及到达我们这里。这意味着，假设光速是绝对的，我们无法从地球上看到这些现象。可见的宇宙确实存在着一定的限制。

　　这些天文学和宇宙学上的进展是如何影响天文馆的呢？天文馆面对的不再是相对简单的太阳系，它现在必须考虑到不断膨胀的宇宙，其绝大部分超出了我们的可见范围。天文馆可以沿各种道路前进，每一条都指向不同的方向。它可以仅仅是一种展示陈旧的天文学理念并重复着常见的节目的博物馆，有魅力但越来越不切题，就像数十年来一再上演观众耳熟能详的剧目的剧院一样。它可以成为一种模仿流行太空电影中的特效的天文影院，例如

《地心引力》(*Gravity*,2013)、《星际穿越》(*Interstellar*,2014),乃至《生命之树》(*The Tree of Life*,2011)中以蜡和油制作出的令人着迷的宇宙模拟动画。它可以与宗教和精神性这些在传统上专注于可见之物以外的存在的概念相联系。它也可以更加技术化,随着数字投影仪的出现,天文馆能够适应技术的不断进步,而计算机强大的存储能力,也使得现代天文学所需的越来越复杂的图像能够被投射到半球形银幕之上。随着现今智能手机功能越发强大的潮流,人们或许会好奇,天文馆是否也将在不久的将来变得个性化,创造出个人版本的数字天空。

事实上,这当中的每条路径都有天文馆选择,不同的路线也常常交织在一起,就像不同类型的戏剧(神圣、粗俗、直觉戏剧等)也会相互交错混杂。不过,几乎所有在天文馆中上演的节目都具有社会性,都是一大群人聚在一起欣赏点点星光浮现的景象。随着灯光渐暗、群星出现,他们不可避免地发出惊呼和感叹,就连当下认为自己早已熟知这一切的这一代人也不免如此。

随着计算机科技的迅速发展以及存储和投影极大量信息的能力的实现,天文馆展望宇宙的方式发生了巨变。在我们这个时代,数字投影仪提供着相当于20世纪20年代鲍尔斯费尔德为当时局限得多的模拟世界带去的效果。

无所不能的计算机一向是科幻作品的最爱,它从20世纪60年代就开始出现在天文馆中,并往往与多年来最受欢迎的宇宙大灾难的故事联系在一起。艾萨克·阿西莫夫(Isaac Asimov)的短篇故事《最后的问题》(*The Last Question*,1956)中两者皆有登场。

故事中，两位穿着传统的白色实验服的科学家讨论着宇宙的终结：

> "我明白，"阿德利说，"用不着大喊。太阳完蛋了的时候，其他恒星也将不复存在。"
>
> "它们当然不在了，"卢波夫嘟囔着，"一切都开始于最初的宇宙爆炸，不管它是什么，一切也都将在所有恒星熄灭的时候结束。"

两位科学家询问一台功能强大的计算机，是否有降低宇宙中熵的方法——不断增加的熵最终会令一切生命走向终点。计算机回答道："现有信息不足以得出有意义的答案。"同样的问题在超过百万年的时间中被一再重复，而答案一直不变。终于，在宇宙灭亡的一刻，这台最终得到了宇宙里所有能量的计算机突然闪现出早已消失的人类无法听到的回复："'要有光！'于是就有了光。"整个传奇性的故事再次开始。《最后的问题》是美国天文馆中最受欢迎的节目主题之一。伦纳德·尼莫伊作为叙述者的版本在密歇根的艾布拉姆斯天文馆、纽约的海登天文馆，以及埃德蒙顿、波士顿、费城和其他许多地方的天文馆中上映，甚至持续至今。不难相信这个故事对运营天文馆的人具有相当大的吸引力——真正的宇宙终结了，星空表演也结束了，但一台作为机械"宗动天"的计算机或投影仪，以对光的重生的神圣宣告重新开始了这场宇宙表演。

投影技术的真正进步出现在20世纪80年代，它的迅速发展改

天文馆的激光表演，德国沃尔夫斯堡，20 世纪 80 年代

变了天文馆演出的本质。美国马里兰科学中心首次使用了包含 6 台
幻灯片投影仪的全天空系统，其中每一台都带有特制的广角镜头，
分别向从圆顶处划分的顶角为 60 度的三角形分区投影，这些区域
巧妙地合成一张覆盖整个圆顶的 360 度图像。投射在圆顶上的图像
并不全都与天文学相关，也可以是艺术作品或是天气状况，这个
圆顶因而可以被用来制造身在他处的幻觉。全天空系统也可以投
影建筑的图像，营造出譬如身处圣伯多禄大教堂的圆顶之下或阿
尔罕布拉宫的星空大厅之中的感觉。

　　第一台数字式天文馆投影仪数码星由数字图形公司益世发明，
并于 1983 年首先被安装在弗吉尼亚州里士满市的天文馆。它能够
将计算机软件制作出的图像序列透过一个鱼眼镜头投影到圆顶上，
从而摆脱了之前投影仪机械上的限制。由戏剧中的舞台特技借鉴

而来的，所有那些以不同速度移动的精彩灯光和为当时的特效制作的各种幻灯片，如今都被一个简单的盒子取代了。这种早期的数字投影仪也有缺点，它们通过一个线框工作，因此只能生成黑白的点和线条。早期的图像质量也很差，分辨率远低于其对手模拟投影仪。它们也缺少巨大的蔡司哑铃形投影仪在圆顶下的气势。但数字投影仪发展迅速，各种各样的制造商不断生产出细节越发精巧并带有更高图像分辨率的投影仪。

　　1993年，自20世纪20年代以各种形态出现的巨大的蔡司哑铃形模拟投影仪，已经发展到被称为"恒星球"的比例更适中的马克七号。这台机器是一项了不起的技术成就，其内部所有复杂的机械设备都被组合在一个大致呈球形的外壳中。同样是在1993年，慕尼黑的新德意志博物馆天文馆将恒星球投影仪投入使用，并配有80台单幅投影仪、6台视频投影仪以及安装在机械臂上的激光发射器。观众可以使用座位上的按钮控制内容。20世纪90年代，诸如纽约、柏林和慕尼黑的那些高端天文馆内的节目结合了幻灯片投影仪、激光、影片和声音系统，全部由计算机连接并控制（因为此时各种投影设备已过于复杂，无法由讲解员人工操控），生成令人眼花缭乱的特效——飞往银河系深处的旅程、爆炸的恒星、浩渺的宇宙景象等。个别时候，伴着重金属音乐上演的精彩的激光表演，使这些节目变得像是某种"天文迪斯科"。有那么几年，舞台摇滚和天文学的道路并行，形成了中世纪时由行星演奏的球体的音乐的升级版。平克·弗洛伊德乐队的《月之暗面》（1973）在伦敦天文馆发表，而发电站乐队在体育馆举行音乐会时，在发

蔡司宇宙馆投影仪

光的行星背景前演奏了他们的纯音乐曲目《彗星旋律》。

　　在21世纪初期，一些天文馆演变成了令人惊叹的太空娱乐中心，它们既是科学机构又是巨幕影院。当时投影设备十分昂贵，只有纽约市罗斯地球与太空中心和芝加哥阿德勒天文馆等资金充裕的天文馆才能够负担这类节目。如今投影设备要便宜得多，并且能生成高清图像，这使得数字投影仪几乎成了天文馆中的标准配置。现在的数字投影仪能够穿梭时间和空间，从任何视角展现太阳系和星系的景象，并能在微观和宇观尺度间缩放。天文馆投影仪可以生成任何想要的效果，因此在某种意义上，它可以投影出天文学中任何可视的进展，并提供类星体及黑洞等天体的假想景象。现在的一些天文馆投影仪与网络相连，能够展示在轨望远镜和空间探测器发回的实时图像，在实质上成为面向大量观

地球上空的太空站的投影，慕尼黑天文馆，2016 年

众的数字天文台。相较于进行模拟表演的传统使命，在现代天文馆中，真实与想象越发交错。

　　然而，急于制作数字节目也有其缺点。能够投影出想要的任何事物，并不意味着投影出的图像就一定更有趣，一种特定的平庸感往往萦绕其间。如今的许多天文馆演出都是投影预先录制的节目，它们通常由好莱坞演员配音，将宇宙展现为一场像电影院中那样刺激的太空冒险。上演这种节目的天文馆吸引了大量参观者，例如巴伦西亚的艺术科学城和巴黎的科学工业城等，这类包含天文馆的大型科学博物馆已成为当代科学与娱乐相融合的产业的一部分。然而，典型的天文馆演出也变得不再那么有特色。以标准方式呈现预先录制的节目，意味着这份体验对于观众而言也变得熟悉。在世界上任何一座天文馆里，不管是上海、慕尼黑还是纽约，都能看到这样的节目，而且它们在效果上也与电影非常相似，不像戏剧一般生动而富有变化，能够响应不同观众营造的氛围。许多天文馆都从传统的围绕中心投影仪环形设置的座位改成了成排的倾斜座椅，使观众全部面向同一个方向，并配有以167度倾斜的半球形圆顶银幕，令座位上的观众看得更舒服。这一切之中戏剧感去了哪儿？部分现代天文馆的节目往往更接近僵化戏剧，提供的内容刺激但可以被预测，而且没有人情味。

　　然而，天空无法容忍地面上的平庸。原始天文馆大胆和勇于试验的精神依然存在。带有球幕的现代天文馆内部本身并无新奇之处，就像一个相当普通的电影院。但如果不再保留传统的圆顶，对天文馆内部的空间进行改变，又将如何呢？毕竟将圆顶作为人造天空的大致理念可以追溯到霍斯劳王的时代。艾蒂安-路易·部雷在设计他那宏伟的18世纪的圆球时，构想过完全球形的内部空间，但圆球从未被建造。曾经也出现过各种360度天文馆的提案，配有能够将高分辨率的图像信息投影到球体内部的计算机。1985年，伦敦的伊恩·里奇建筑事务所提出了一个名为"球体视野"（Spheriscope）的方案，计划建于格林尼治本初子午线不远处的河岸。建筑被设计成一个直径30米的玻璃球体，其内部是另一个沿横截面嵌着无反射玻璃地板的钢制球体。外部的球体由边缘的外柱支撑。300名观众可以躺或坐在玻璃地板上，两台投影仪（一台负责上半球，一台负责下半球）将影像360度投影到球体内部，以产生整体空间的错觉。

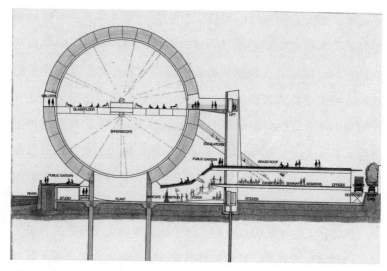

伊恩·里奇事务所的"球体视野"设计剖面图

其中一位建筑师西蒙·康诺利（Simon Conolly）如此描述这种投影的观感：

观众入场时会拿到软套鞋。年轻而身强力壮的人可以坐在玻璃地板上他们喜欢的任何地方，需要稍微小心一些的人则可以坐在周边的座位上。在天文馆里坐在什么地方一向是个有趣的问题，传统的观点是答案取决于讲解员的控制台面朝哪个方向。但当图像投影到上下两个半球，只在观众所在的赤道位置留出一条空白的窄带以免晃到他们时，随之而来的将是无与伦比的沉浸感。我们咨询了伦敦大学学院神经与感知方面的专家，他们证实这种太空体验将非常震撼。

建筑师被告知，他们必须考虑到球体内表面不断变化的投影会给参观者带来类似失重的体验，以及由此产生的与晕动病相关的问题。

球体视野被设计出来时，数字投影技术才刚刚起步，当时计算机的处理能力无法实现适配如此巨大的内部空间的像素分辨率。但在那之后的几十年间，计算机性能得到了质的提升，现在这已不再是问题了。这一充满野心的项目远比任何拥有数字特效的现代天文馆更具魄力，但很遗憾没有得到资金支持。

现代天文馆最有意思的部分是其内部的节目效果，而非它的外部形态。光的投影创造出一个巨大的、没有确定尺度的空间。这种对空间的去实体化是20世纪早期建筑的野心之一，比如当时出现的各种带有最低限度的内部空间划分的玻璃建筑的设计。天文馆的节目更进一步，暗示实体边界也可能一并消失。观众席上的观众同时身处于他们的日常生活的空间之内，和看似无边无际的宇宙之中。鲜有天文馆的外部建筑配得上这样的雄心壮志，它们往往只是适应着某种建筑风格的围墙。在某种程度上，无论半球形内部圆顶里的空间是什么样子，它都能被纳入大多数建筑形式——球形的、神殿式、现代主义、后现代主义、新现代主义或任何当前流行的风格。至于非视觉、非物质的天文学能够启发何种天文馆建筑，则是一个没有明确答案的问题。

虽然没有天文馆有足够的勇气追随球体视野的步伐，创造球形的内部投影空间，许多天文馆还是采用了球体作为外部建筑形态，令人自然地联想到行星和其他天体。

　　纽约罗斯地球与太空中心拥有这些天文馆中最为出众的球体，它的各种设施之中包含了新的海登天文馆。尽管新海登天文馆早在2000年就已经开馆，它至今依然是顶尖的现代天文学中心，不仅展现着最新一代天文馆的优势，也体现了围绕它们的问题。旧海登天文馆的历史可以追溯到1933年，它在不同时期数次更换了投影仪和各种设备，但到了20世纪90年代中期，天文馆建筑本身被认为过于老旧，不再适合用来传达当代天文学思想。经过深入讨论，作为人们心目中纽约地标之一的旧海登天文馆于1997年被拆除。取而代之的新建筑由波尔舍克建筑事务所设计，并得到了众多媒体顾问和展览设计师团队的支持。绝大多数天文馆都是封闭的空间，因为它们不需要日光，通常也没有窗户。罗斯中心则是个包含不透光球体的半透明盒子。从外观上看，设计体现了天文馆作为一颗行星的理念。直径27米的巨大灰色球体好似飘浮在6层楼高的玻璃方块中，在夜晚熠熠生辉，就像是悬在纽约街道上空的崭新天体。设计和建造能够悬在空中或稳稳立在地面上的球体并不容易，当人们进入罗斯中心的建筑时，他们会发现实际上有许多柱子支撑着这个球体，而这一结构方案似乎与自由悬浮的行星的概念相互矛盾。决定着行星间相互作用的引力，也造就了实用的工程上的设计，将体积庞大的地球与相对小巧的罗斯中心的球体结构分开。

　　圆球的上半部分是星空剧院，带有倾斜的圆顶银幕和一部独一无二的蔡司数字投影仪——马克九号-海登，还有一个极为精巧的投影系统用于展现宇宙的超现实动画景象。预先录制的时长

海登天文馆，罗斯中心，纽约，2000 年

30分钟的节目往往请来好莱坞明星做旁白，比如汤姆·汉克斯配音的《宇宙通行证》、乌比·戈德堡配音的《星际之旅》和天文馆馆长尼尔·德格拉斯·泰森（Neil deGrasse Tyson）本人配音的《黑暗宇宙》。星空剧院本质上是电影院的一种，它提供着对宇宙越发戏剧性的描绘。

"我一直很困惑，"泰森带着天文学家不常有的犹疑说道，"我们不知道是什么驱动着96%的宇宙。你所知、所爱、听说过、想到过乃至从望远镜中所看到的夜空中的一切，不过占宇宙的4%。"事实上，罗斯中心内遍布着对宇宙在物质层面的展示。星空剧院下方的大爆炸剧场占据了大圆球下半部分的空间，其内部放映着解释宇宙起源的节目。环绕圆球的走道名为海尔布伦宇宙通道，其中每英尺代表着36 111 111年的时间，参观者能够在通道中从宇宙大爆炸一直走到恐龙灭绝。圆球旁边悬挂着8颗行星的巨大模型，在争议中被归为矮行星的冥王星则被排除在外。

罗斯中心最有趣的内容之一是它的数字宇宙地图集，其中"每一个星系、恒星、行星、卫星和人造卫星都依据迄今为止最尖端的科学研究，被按比例表现出来，并置于观测到的准确位置"。宇宙中所有已知的天体都被逐步编入了这个三维索引中。只有像阿西莫夫故事中那样功能强大的计算机才能开展如此庞大的工程，并承担维持地图集更新的任务。目前，宇宙地图集作为一段飞越动画展示，观看者仿佛在点点星光间穿梭。可以预见的是，在未来它或许会被发展成某种三维模型，令观看者能够置身于这一系统之中，在宇宙中漫游。到那时，宇宙地图集面对的挑战将是虚拟信息的展示要如何与观众形成特殊的联系。在数字索引面前，

亚历山大港天文馆，2009 年

真实的观众将处于什么位置？他们要怎么在其中移动？如何表现不可见的事物？所有这些问题都意味着我们需要一种尚未出现的新型星空剧院。

新海登天文馆是带有戏剧色彩的，它将天文馆的大圆球呈现为一个被照亮的物体，向四周的城市街道展示，而前来参观的人类则被缩小到微缩尺度。带有圆顶的天文馆是一种传统，也与馆内半球形的投影屏幕相配，这一切背后有着明确的结构上的原因。但以球体作为建筑结构就显得不那么合理了：球体倾向于四处滚动，而它现在却需要立在一个点上，其内部空间的下半部分也难以被利用。尽管有着种种缺点，球体简洁有力的形状依然独具魅力，并与太阳系作为天空中一系列球体的古老概念联系起来。20世纪80年代以来，球体几乎成了天文馆外观标准的方案之一——一座天文馆看起来应该像是一颗迷你行星。地球这颗行星正逐渐被一种小型的人造"行星"占领，这些"行星"内部还有投影出的行星，用来展现宇宙的奥妙。

位于科学工业城中的巴黎天文馆于1986年开馆，是最早的天文馆大圆球之一。直径22米的金属球体不依靠外力支撑，坐落于博物馆与拉维莱特公园之间，显然也让人联想到一颗迷你人造行星。圆球既有特定的威严感，又像是个超大的玩具，让人想知道里面究竟是什么。同样附属于一座博物馆的布里斯托尔天文馆（2000年开馆）与其十分相似，只不过尺寸略小。埃及新亚历山大图书馆的天文馆也颇为有趣，它由挪威与美国的建筑事务所斯内赫塔设计，于2002年开馆，它是一个阴沉的黑色圆球。球体在视觉上被竖直的线条分成几个区域，部分沉入混凝土广场的凹陷处。它令人联想到从女神努特的时代浮现的一颗黑暗行星。

其他球体天文馆（其中有些是四分之三球体）出现在中国，包括北京、福州和厦门在内的许多天文馆（和科技馆）中，以及日本的神奈川和大阪。位于呼和浩特的内蒙古科技馆中有一个装饰着横向条纹的俏皮明快的橙色圆球，它身处科技馆巨大的波浪形屋顶的建筑旁，仿佛即将被一场宇宙风暴带走。在这些球体当中，最大也最令人叹为观止的还是日本名古屋的一个巨大的银色结构，它看似自由飘浮在地面上方，实则由两边相邻的建筑物支撑。名古屋的圆球建于2010年，直径达到了35米，能够容纳350名观众，是世界上最大的球体天文馆建筑，对其他所有球体而言，

名古屋天文馆，2011年

它是像木星一样父亲般的存在。遗憾的是，所有这些建筑的球体结构都仅限于外部形态，没有一个像球体视野或部雷设计的牛顿纪念馆那样，使建筑内部也成为令人惊喜的球形空间。我们仍在等待真正的球体天文馆。

另外两个小一些的球体也值得一提。马耳他瓦莱塔的天文馆（互动科学中心）于2016年开馆，天文馆的球体结构被古怪地安置在一处历史建筑的废墟之上，仿佛不久前才从太空中高速坠下。瓦莱塔的天文馆是一栋结合了科学教育和海滨娱乐的海港建筑，建筑风格明快且颇为颠覆传统。荷兰格罗宁根的名为"Infoversum"的影剧院（2014）则较为精巧，这座天文馆与电影院小型结合体是天文学家埃德温·瓦伦蒂因（Edwin Valentijn）提议建造的，由建筑视野建筑事务所的杰克·范德帕连（Jack van der Palen）设计。它是一个建在弯曲的科尔坦耐大气腐蚀钢底座之上的白色圆球，并且只是处在一个暂时的位置，可以被挪到任何地方。这样的设计很适合一栋基于行星的概念的建筑。建筑的外形轻巧而活泼，比起土星或木星来说更像是水星，为人们对其外形象征的想象留有余地，它可以是一个天体、一顶帽子、一艘船或是一个巨大的蛋杯。建筑内部是相当传统的电影院布局。不像其他很多球体天文馆拼命想显得威风凛凛，它并没有太把自己当回事，让观众对其意图略微有些困惑。

"再之后，什么也没有？"在多数情况下，这些新天文馆无论外部形式如何，都展现着基于现代西方科学的标准的宇宙观。所有天文馆都是科学的吗？是的，但科学很容易被用于其他目的。

荷兰格罗宁根的Infoversum，2014 年

正如之前弗兰克·克洛斯在对虚无性质的考量中提到的那样，现代科学理论脱胎于对宇宙本质的古老思考，其中包括早期的印度经文。

"那时连虚无也没有，遑论存在，"极其神秘的《梨俱吠陀》中的《创造的圣诗》这样写道，"那时没有空气，也没有其上的天空。那之外是什么？它在何处？在谁的守护之下？那时有没有宇宙之水，在未知的深处？"印度天文馆的建筑一贯最为个性化，不见得涉及《创造的圣诗》中曲折复杂的内容，但它们平衡着东西方皆有的将天文馆简化为一种技术上的工艺品的趋势。印度的每一座天文馆看起来都出自不同的视角，似乎它们假设了此前并没有固定的建筑形式，因而决定发明一种新的外观。印度北部卡普尔塔拉的普什帕·古杰拉尔天文馆于2005年开馆，它的建筑是一个巨大的波普艺术风格的地球，其上鲜明地表现出各个大洲。

勒克瑙的英迪拉·甘地天文馆（2003）则将建筑对行星的模拟发挥到了极致。建筑地处平凡的住宅群中，借用了土星的外形，由一个橙色的圆球再加上围绕着它的环组成。球体看起来仍在旋转，似乎即将回到它在太阳系中原本的位置。这座天文馆既巧妙又有趣。为什么土星会降落在勒克瑙呢？这个喜马拉雅山麓的古老小镇如今已发展成为一座现代都市。土星的降临会是对不远的未来将要发生的出人意料的事件的某种预兆吗？

　　标准天文馆还有其他的替代方案。夜空的成比例模型本身也可以存在于室外真正的夜空之下。在内华达州的沙漠里，一列汽车在夜幕下开着灯缓缓在沙子上移动，每辆车沿着一组同心轨道中的一条，以与行星间实际距离比例相同的间隔行驶。中世纪层层镶嵌的球体系统在汽车时代被简化至二维。这是被称为"成比例太阳系模型"（To Scale: The Solar System）的试验性天文馆，在2015年由包括怀利·奥弗斯特里特（Wylie Overstreet）与亚历克斯·高罗什（Alex Gorosh）在内的一小群洛杉矶电影制作人创造出来。顾名思义，该项目旨在表现行星之间巨大的间距，这在诸如米勒的哥白尼天文馆或是罗斯中心名为"六种尺度"（Six Scales）的展览中始终没有得到体现。在那些展览中，虽然行星的尺寸之间的比例是正确的，但它们轨道间惊人的距离不得不被大幅缩减。"如果在一张纸上按比例画出这些轨道，"奥弗斯特里特在介绍这一项目的在线视频中说道，"这些行星会小到根本无法看到。没有任何图像能充分展示实际上的景象，唯一能看到太阳系的成比例模型的方法就是真的造一个出来。"

"成比例太阳系模型"天文馆装置，美国内华达州沙漠，2016 年

宇航员詹姆斯·欧文（James Irwin）在描述地球时，说它看起来"像一颗弹珠那么小，但它是你所能想象的最美的弹珠"。以弹珠大小的地球作为基准，太阳的直径应为 2.5 米，其他行星也采用相应的尺寸。构造这一比例的太阳系模型需要直径超过 11 千米的空间——奥弗斯特里特和高罗什在内华达州黑岩沙漠一个干涸的湖床中找到了这块场地。他们的团队计算出了行星各自的尺寸以及它们彼此的间距。水星距离太阳 64 米，金星距离太阳 120 米，地球距离太阳 176 米，而天王星和海王星分别位于距离太阳 3.4 千米和 5.6 千米的地方。至于饱受争议、最近才被贬为矮行星的冥王星，它巨大的轨道根本无法被呈现在沙漠里的这块空地内。

这场实验持续了 36 小时。沙漠里除了车辆空无一物。现场没有观众，人们只能通过网络观看视频。在不停绕着圈的车辆上方的山上，一位摄影师以延时录影记录下它们的运动。相机架在高处一个合适的位置，以便观察并拍摄绕圈的车辆，但处于这个比例系统之外。最终的视频里，车辆上的灯光遵循它们被分配到的行星轨道闪耀着，不过这些轨道看起来不像椭圆，更像是圆形的，呈现出一圈圈符合行星之间真实距离比例的明亮的圆环。与通常天文馆内位于中央的投影仪作为光源不同，这里提供照明的是这些汽车"行星"。视频在网络上吸引了150万次点击，这是一个任何天文馆馆长都会为之高兴的数字。成品有效地以二维扁平化的方式给出了对太阳系尺寸的精彩演示。

我们可以从整片沙漠的尺度直接缩小到手持设备的大小。2015年7月14日，在长达9年的旅途过后，NASA（美国国家航空航天局）的新视野号航天器驶过了冥王星和它的卫星，用携带的各种光谱仪、辐射计、相机和其他仪器扫描了这颗矮行星，并将数据发回地球。一年后，《纽约时报》推出了一款能够浏览新视野号发回的数据的免费手机应用程序。"看着新视野号以每天100万英里[①]的速度划过太空，"鬼魅的宇宙音乐中响起了庄严肃穆的说明声，"飞越冥王星崎岖的表面和平滑的心形平原，站在冰封的山脉之上看卫星卡戎出现在地平线上，降落在数十亿年前形成的边缘结着霜的陨石坑内。"太空探测器拍下的图像更耐人寻味，从中可以看到整颗行星，也能够放大到对应着不到100米宽的空间的局部，在这片非凡的冰冷大地上的陨石坑和岩石间移动。事实上，应用程序的绝大部分内容都是数字动画，是原始数据经过了巧妙的再创作的虚拟版本。这些内容看似是从航天器直接发回的，但事实上已经由媒体专家进行了加工。或许在不久的未来，我们将不再需要这些虚构的成分，而是能够直接从航天器收到这样的数据（当然还是存在信号传回所需时间带来的延迟）。这种技术的出现并不

---

① 1英里≈1.6千米。——编者注

会真的取代天文馆。传统意义上，天文馆提供模型和对自然景观的模拟，而天文台则进行直接观测，但天文馆的出现本来就是因为很多人无法再从地球表面直接看到夜空的景象。可以想象，在不远的将来，某些应用程序或许可以将探测器发回的图形数据直接与更广泛的模拟联系起来，从而成为一个微型的手持天文馆。

"要有光！"的呐喊也许并非来自一台极其复杂的计算机，而是源于最简单的技术。美国威斯康星州奥奈达县的莫尼科是一个只有364位居民的小镇，拥有以火星、金星和海王星命名的湖泊。从这里向东开上8号公路，几千米后向北转入泥溪路，在编号2392的地块前停下。你走下车，站在土壤上呼吸威斯康星州新鲜的空气。这儿有什么值得期待的吗？只有几棵树、几块草甸、几间棚子，路上空空如也。你想起亨利·戴维·梭罗的建议。这位马萨诸塞州林中孤单的樵夫相信自然世界应该被直接欣赏，而不是通过科技去理解。他说："天堂在我们头顶，也在我们脚下。"或许现在可以把这句话改成：天堂在我们脚下，也在手持设备之中。

在一块空地的边缘矗立着一栋白色的木结构小屋，倾斜的屋顶被涂成了白色，像是一个林地里的谷仓，或一座树林中的原始寺庙。入口上方写着"科瓦奇天文馆"几个字。你打开小屋的门，让眼睛适应昏暗的光线。屋里有一个巨大的木球，它是当地造纸厂的工人弗兰克·科瓦奇（Frank Kovac）手工打造的。科瓦奇通常会亲自迎接参观者。这是他私人的天文馆，是属于他自己的夜空。科瓦奇儿时住在芝加哥，经常参观阿德勒天文馆，他一直想成为一名天文学家。但科瓦奇并不擅长数学，于是最终选择了在造纸厂工作。后来在威斯康星州,十几岁的科瓦奇经历了一次具有决定性意义的观星之旅——更确切地说,是没有看到星星的体验。他本人这样描述:

> 那是1996年10月美好而晴朗的一天。一群男童子军迫不及待地想要在泥溪天文台度过一个漫天繁星之下的难忘夜晚。就在日落之后,云层出现,遮蔽了天空,期待很快变成了失望。那一晚我的梦想诞生了。我要建一座天文馆,把事情掌握在自己手中。

科瓦奇想要打造一个不受意外的天气状况影响的展现夜空奇景的空间,它的尺寸必须合理,能够由他自己建造。他可以选择购买一台小型的斯皮茨天文馆投影仪,但这样就太普通、太缺乏个性了。因此他打造了专属于自己的独特夜空。科瓦奇意识到,自己根本不需要投影仪,他用木材和胶合板建造了一个直径7米的四分之三球体,由一台电动机驱动着它以23.5度的倾角沿黄道平稳旋转(黄道线标示着太阳一年间在天空中运行的轨迹)。球体内部的空间能容下10多位观众。

你坐在其中的一条木凳上。天文馆的内部被漆成了黑色,科瓦奇在其表面手工绘制了北半球能看到的5 200颗恒星,皆处于从此地看上去正确的位置,如果不确定,他就走到外面看看真实的天空。这些以荧光颜料描绘的星星在被电灯照射后,会在黑暗中微微发光8小时,它们亮度上的差异制造出了空间感。圆球安静地

科瓦奇天文馆，2008 年

轻轻转动，随着点点星光的出现而隐入无形之中。可移动的行星
被人工安放在它们既定的轨道中缓缓运行。科瓦奇滔滔不绝地讲
解着星座和行星，他也成了众多天文馆讲解员中的一员，提供着
对宇宙的个人见解。这里没有暗物质，没有平行宇宙，也没有时
空谜题。科瓦奇的天文馆与如今无比复杂的数字天文馆之间不存
在竞争，它属于完全不同的类别，呼应着一个早在鲍尔斯费尔德
的发明之前的时代。它是神圣、粗俗、直觉、球形和机械的吗？
每种都有一点。科瓦奇的作品具有戏剧的特质，总是实时而不可
预测的，而不是预先录制好的固定内容。它在一个既狭小又广阔
的空间中上演，并有一名与观众有直接联系的人参与其中。最好
的天文馆在某些方面是个人化的，它们属于一个人或一小群人。

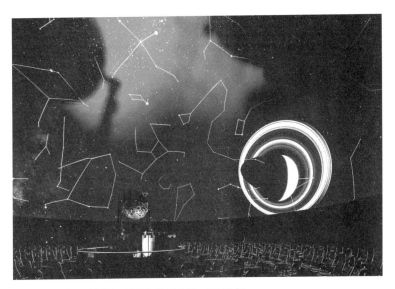

科瓦奇天文馆，2008 年

星空背景上的星座投影，斯图加特天文馆，2016 年

无论结构多么精巧，这样的天文馆绝不仅仅是机器。

节目结束之时，灯光亮起，星空渐渐消失。你从小屋出来，走到树林里的空地上抬头仰望天空，它正在进行着自身缓慢而规律的演出。这座DIY天文馆是最先进的现代科技的对立面吗？你也可以在智能手机上查询太空探测器发回的最新图片，略带延迟地接收你永远无法触及的行星的实际影像。一座缓慢转动着的手绘天文馆，真实夜空的景致，以及一张遥远天体的数字图片。天空中一如既往地灿烂。我们在不同星空剧院的固有矛盾间自在地生活。

部分天文馆
及天文仪器时间线

更为全面的列表可参看

www.aplf-planetariums.info/en/index.php

约 530 年	波斯（霍斯劳宫殿）
约 740 年	约旦阿姆拉堡
约 1325 年	伊朗亚兹德（聚礼清真寺圆顶）
约 1500 年	西班牙格拉纳达（阿本莎拉赫厅的阿尔罕布拉天花板）
1588 年	意大利佛罗伦萨（圣图奇浑仪）
1654—1664 年	德国戈托尔夫（戈托尔夫天球仪）
1661 年	德国耶拿（魏格尔的铁球）
1724—1738 年	印度德里（简塔·曼塔天文台）
1772 年	英国剑桥（罗杰·朗的"天王球"）
1774—1781 年	荷兰弗拉讷克（艾辛加的太阳系仪）
1784 年	法国（艾蒂安-路易·部雷，艾萨克·牛顿纪念馆，未建造）
1794 年	法国（让-雅克·勒克，地球圣殿，未建造）
1816 年	德国柏林（卡尔·弗里德里希·申克尔，夜女王舞台布景）
1838—1843 年	法国斯特拉斯堡（史维基的天文钟）
1851 年	英国伦敦（詹姆斯·怀尔德的圆球）
1900 年	法国巴黎（埃利泽·雷克吕斯的地球模型，未建造）

1913 年	美国芝加哥（阿特伍德球）
1923 年	德国慕尼黑（德意志博物馆）
1923 年	德国耶拿（蔡司工厂屋顶上鲍尔斯费尔德的星空剧院）
1925 年	美国马里兰州舒格洛夫山（弗兰克·劳埃德·赖特的设计方案，未建造）
1926 年	德国伍珀塔尔（巴门）、莱比锡、杜塞尔多夫、耶拿、德累斯顿和柏林
1927 年	德国曼海姆和纽伦堡、奥地利维也纳
1928 年	德国汉诺威和斯图加特、意大利罗马
1929 年	苏联莫斯科
1930 年	德国汉堡、瑞典斯德哥尔摩、美国伊利诺伊州芝加哥（阿德勒天文馆）、意大利米兰、奥地利维也纳
1933 年	美国宾夕法尼亚州费城（费尔斯天文馆）
1934 年	荷兰海牙、美国马萨诸塞州斯普林菲尔德（科科斯投影仪）
1935 年	美国加利福尼亚州洛杉矶（格里菲斯天文馆）、比利时布鲁塞尔、美国纽约（海登天文馆）
1936 年	美国加利福尼亚州圣何塞（玫瑰十字会天文馆）
1937 年	日本大阪、法国巴黎
1938 年	日本东京
1939 年	美国宾夕法尼亚州匹兹堡
1945 年	斯皮茨模型 A 便携天文馆
1954 年	苏联斯大林格勒和奔萨、印度浦那
1955 年	波兰卡托维兹
1957 年	中国北京、巴西圣保罗
1958 年	英国伦敦
1960 年	捷克斯洛伐克布拉格、秘鲁利马（索拉尔山天文馆）

1963 年	美国内华达州里诺（弗莱希曼天文馆）、密苏里州圣路易斯（科学中心）
1964 年	塞尔维亚贝尔格莱德
1965 年	斯里兰卡科伦坡
1966 年	最早的施特恩便携投影仪（带有可充气圆顶）、阿根廷布宜诺斯艾利斯（伽利略天文馆）
1967 年	加拿大卡尔加里
1968 年	加拿大多伦多
1974 年	德国科特布斯（尤里·加加林宇宙飞行天文馆）
1977 年	印度新德里（尼赫鲁天文馆）、匈牙利布达佩斯
1981 年	利比亚的黎波里
1983 年	美国弗吉尼亚州里士满（最早的益世数码星）、德国沃尔夫斯堡、印度瓦朗加尔
1984 年	加拿大埃德蒙顿
1986 年	法国巴黎（科学工业城）
1987 年	德国柏林（大天文馆）
1989 年	印度班加罗尔（贾瓦哈拉尔·尼赫鲁天文馆）
1998 年	西班牙巴伦西亚（艺术科学城）
2003 年	印度孟买（尼赫鲁天文馆）和勒克瑙（英迪拉·甘地天文馆）
2007 年	英国伦敦格林尼治（彼得·哈里逊天文馆）
2008 年	美国威斯康星州莫尼科（科瓦奇天文馆）
2012 年	伊朗德黑兰米纳圆顶、中国呼和浩特
2015 年	美国内华达州黑岩沙漠（成比例太阳系模型）

部分具有建筑
特色的天文馆

哪些天文馆更具建筑上的意义是个开放性的话题。下面是作者选编的列表，更为
全面的、包含所有天文馆的列表参见 www.aplf-planetariums.info/en/index.php

◖● 北美洲

加拿大

多伦多 麦克劳克林天文馆（建于 1968 年，于 1995 年关闭）

埃德蒙顿 玛格丽特·蔡德勒星空剧院（1984 年）

魁北克 力拓铝业天文馆（1966 年）

温哥华 H. R. 麦克米伦太空中心（1968 年）

美国

芝加哥 阿德勒天文馆（建于 1930 年，于 1997 年和 2010 年扩建）

纽约 海登天文馆及罗斯地球与太空中心（建于 1935 年，于 2000 年重新开放）

洛杉矶 塞缪尔·奥斯天文馆、格里菲斯天文台（1935 年）

圣何塞 玫瑰十字会天文馆（1936 年）

圣路易斯 圣路易斯科学中心和天文馆（1963 年）

墨西哥

维多利亚城   拉米罗·伊格莱西亚斯·莱亚尔博士天文馆（1992 年）

非洲

埃及

亚历山大港   新亚历山大图书馆天文馆科学中心（2002 年）

加纳

阿克拉   加纳天文馆（2009 年）

利比亚

的黎波里   的黎波里天文馆（1981 年）

突尼斯

突尼斯市   科学城（1996 年）

南美洲

阿根廷

布宜诺斯艾利斯   伽利略天文馆（1967 年）

巴西

圣保罗   阿里斯托特莱斯·奥尔西尼天文馆（1957 年）

秘鲁

利马   索拉尔山天文馆（1960 年）

哥伦比亚

波哥大　　　　　　波哥大天文馆（1969 年）

乌拉圭

蒙得维的亚　　　　赫尔曼·巴尔巴托城市天文馆（1955 年）

◖● 欧洲

比利时

布鲁塞尔　　　　　比利时皇家天文馆与天文台（1935 年）

丹麦

哥本哈根　　　　　第谷·布拉赫天文馆（1989 年）

德国

柏林　　　　　　　柏林大天文馆（1987 年）

汉堡　　　　　　　汉堡天文馆（1930 年）

加尔兴　　　　　　欧洲南方天文台超新星天文馆（在建，预计 2018 年开放[①]）

科特布斯　　　　　科特布斯宇宙飞行天文馆（1974 年）

斯图加特　　　　　卡尔·蔡司天文馆（1977 年）

沃尔夫斯堡　　　　沃尔夫斯堡天文馆（1983 年）

耶拿　　　　　　　蔡司天文馆（1926 年）

俄罗斯

奔萨　　　　　　　奔萨天文馆（1954 年）

伏尔加格勒　　　　伏尔加格勒（前斯大林格勒）天文馆（1954 年）

---

① 该天文馆现已开放。——编者注

| 卡卢加 | 康斯坦丁·E.齐奥尔科夫斯基国立宇航历史博物馆（1967年） |
| 莫斯科 | 莫斯科天文馆（1929年） |

法国

| 巴黎 | 发现宫（1952年） |
| | 科学工业城（1986年） |

荷兰

| 格罗宁根 | Infoversum（2014年） |

捷克

| 布拉格 | 布拉格天文馆（1960年） |

马耳他

| 瓦莱塔 | "探索"互动科学中心（2016年） |

土耳其

| 科尼亚 | 科尼亚科学中心（2014年） |

西班牙

| 圣塞瓦斯蒂安 | 尤里卡科学博物馆天文馆（2001年） |
| 巴伦西亚 | "半球"艺术科学城（1998年） |

希腊

| 雅典 | 尤金尼德斯基金会天文馆（1966年） |

匈牙利

| 布达佩斯 | TIT布达佩斯天文馆（1977年） |

英国

格拉斯哥　　　　格拉斯哥科学中心天文馆（2001 年）

伦敦　　　　　　伦敦天文馆（建于 1959 年，现停用）、

　　　　　　　　彼得·哈里逊天文馆及格林尼治天文台（2007 年）

● 亚洲

印度

巴罗达　　　　　萨达尔·瓦拉巴伊·帕特尔天文馆（1976 年）

布巴内什瓦尔　　帕塔尼·萨曼塔天文馆（1990 年）

德里　　　　　　尼赫鲁天文馆（1984 年）

加尔各答　　　　M. P. 比拉天文馆（1963 年）

孟买　　　　　　尼赫鲁天文馆（1977 年）

斋浦尔　　　　　M. P. 比拉天文馆（1989 年）

马来西亚

吉隆坡　　　　　国家天文馆（2000 年）

日本

名古屋　　　　　名古屋市科学馆（建于 1963 年，于 2010 年重建）

斯里兰卡

科伦坡　　　　　斯里兰卡天文馆（1965 年）

中国

北京　　　　　　北京天文馆（于 1957 年首次开馆，2001 年起多次扩建改造）

广州　　　　　　广东科学中心（2008 年）

呼和浩特　　　　内蒙古科技馆（2012 年）

上海　　　　　　上海天文馆（在建，预计 2021 年开放）

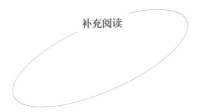

补充阅读

第一章　天文馆的前身

Atwood, Wallace W., *The Atwood Sphere* (Chicago, IL, 1913)

Brook, Peter, *The Empty Space* (London, 1972)

Duboy, Philippe, *Lequeu: An Architectural Enigma* (London, 1986)

Kluckert, Ehrenfried, *Vom Himmelsglobus zum Sternentheater*
　　(Hamburg, 2005)

Lachièze-Rey, Marc, and Jean-Pierre Luminet, *Celestial Treasury:*
　　From the Music of the Spheres to the Conquest of Space
　　(Cambridge, 2001)

Lehni, Roger, *L'Horloge astronomique de la cathédrale de Strasbourg*
　　(Saint-Ouen, 2011)

Schlee, Ernst, *Der Gottorfer Globus Herzog Friedrichs III* (Heide, 2002)

Smith, Earl Baldwin, *The Dome: A Study in the History of Ideas*
　　(Princeton, NJ, 1933)

Voltaire, François-Marie Arouet, *The Princess of Babylon* (London, 1927)

Budge, E. A. Wallis, *The Gods of the Egyptians* (London, 1904)

Warmenhoven, Adrie, *Royal Eisinga Planetarium* (Franeker, 2000)

第二章　来自德国的发明

Benjamin, Walter, *One-way Street and Other Writings* (London, 2009)

Füssl, Wilhelm, *Oskar von Miller* (Munich, 2005)

Gropius, Walter, *The Theatre of the Bauhaus* (Middletown, CT, 1972)

Krause, Joachim, 'Architektur aus dem Geist der Projektion: Das Zeiss
　　Planetarium', in *Wissen in Bewegung: 80 Jahre Zeiss-Planetarium*, ed.
　　Hans-Christian von Herrmann (Jena, 2006), pp. 51–84

Letsch, H., *Das Zeiss Planetarium* (Jena, 1959)

Moholy-Nagy, László, *The New Vision, from Material to Architecture*
　　(New York, 1932)

Simon, Joan, and Brigitte Leal, eds, *Alexander Calder: The Paris Years,
1926–33* (New York, 2008)
Villiger, Walter, *Das Zeiss Planetarium* (Jena, 1926)

第三章　天文馆在东西方的发展

Cleary, Richard, *Frank Lloyd Wright: From Within Outward*
(New York, 2009)
Fisher, Clyde, *The Hayden Planetarium of the American Museum of Natural
History* (New York, 1934)
Fox, Philip, *Adler Planetarium and Historical Collection* (Chicago, IL, 1933)
Grazia, Alfred de, ed., *The Velikovsky Affair* (London, 2006)
King, Henry C., *Geared to the Stars: The Evolution of Planetariums, Orreries
and Astronomical Clocks* (Toronto, 1978)
Lewis, Ralph M., *Cosmic Mission Fulfilled* (San Jose, CA, 1978)
Marché, Jordan D., *Theatres of Time and Space* (New Brunswick, NJ, 2005)
Mayakovsky, Vladimir, *Polnoe sobranie sochinenii v dvenadtsati tomakh*
(Moscow, 1941)
Millard, Doug, ed., *Cosmonauts: Birth of the Space Age* (London, 2015)
Rodchenko, Aleksandr, *Experiments for the Future: Diaries, Essays, Letters
and Other Writings,* ed. Alexander N. Lavrentiev (New York 2005)
Schwarzman, Arnold, *Griffith Observatory: A Celebration of its Architectural
Splendour* (Los Angeles, CA, 2014)
Young, George M., *The Russian Cosmists: The Esoteric Futurism of Nikolai
Fedorov and His Followers* (Oxford, 2012)

第四章　世界性的扩张

Ballard, J. G., *The Drowned World* (London, 1962)
Cornejo, Antonio, *Recuerdos de sus orígenes planetario de la ciudad de Buenos
Aires* (Buenos Aires, 2015)
Cortázar, Julio, *Prosa del Observatorio* (Barcelona, 1972)
Griffiths, Alison, *Shivers Down Your Spine* (New York, 2008)
Herrmann, Dieter B., *Astronom in zwei Welten* (Berlin, 2008)
King, Henry C., *The London Planetarium* (London, 1962)
Koyré, Alexandre, *From the Closed World to the Infinite Universe*
(Baltimore, MD, 1957)
Munro, Alice, *The Moons of Jupiter* (London, 1982)
Rich, Adrienne, *The Fact of a Doorframe: Poems, 1950–1984*
(New York, 1984)
Sarraute, Nathalie, *Le Planetarium* (Paris, 1959)

第五章　现代天文馆的进化

Close, Frank, *Nothing: A Very Short Introduction* (Oxford, 2015)

Coles, Peter, *Cosmology: A Very Short Introduction* (Oxford, 2001)

Devorkin, David H., and Robert W. Smith, *The Hubble Cosmos: Twenty-five Years of New Vistas in Space* (Washington, DC, 2015)

Futter, Ellen B., and Amy Weisser, *The Rose Center for Earth and Space: A Museum for the Twenty-first Century* (New York, 2001)

Green, Brian, *The Hidden Reality: Parallel Universes and the Deep Laws of the Cosmos* (London, 2011)

Keller, Coey, ed., *Brought to Light, Photography and the Invisible, 1840–1900* (New Haven, CT, 2009)

Kraupe, Thomas W., *'Denn was innen, das ist draussen': Die Geschichte des modernen Planetariums* (Hamburg, 2005)

Legro, Ron, and Avi Lank, *The Man Who Painted the Universe* (Madison, WI, 2015)

Mitchell, William J., *The Reconfigured Eye: Visual Truth in the Post-photographic Era* (Cambridge, MA, 1992)

Petersen, Carolyn, *Visions of the Cosmos* (Cambridge, 2003)

Wilford, John Noble, ed., *Cosmic Dispatches: The New York Times Reports on Astronomy and Cosmology* (New York, 2002)

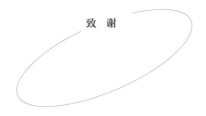

致　谢

在本书的撰写过程中，我曾与许多人沟通讨论，并研究了大量资料。

我感谢Reaktion出版社的维维安·康斯坦丁诺波勒斯对这本书的支持，并对书中的文字和图片提供了许多独到的见解。感谢埃米·索尔特的编辑工作，以及Reaktion出版社团队许多人的帮助，使本书最终得以出版。此外，我要感谢耶拿蔡司档案馆的沃尔夫冈·维默尔、马尔特·施瓦贝、多米尼克·施米德和玛丽亚·比肖夫对书中图片的帮助，感谢《天文馆》杂志莎伦·尚克斯、曾在杜莎夫人档案馆工作的夏洛特·伯福德、乔基姆·克劳瑟、*AA Files*杂志的编辑汤姆·韦弗、*Cabinet*杂志的编辑西纳·纳杰菲、柏林天文馆的蒂姆·弗洛里安·霍恩、曾就职于柏林天文馆的迪特尔·B.赫尔曼、圣彼得堡艺术房间的K.科泽尼亚·M.沃兹迪甘和叶夫根尼亚·M.卢帕诺娃、费力克斯·吕宁、格斯·尼尔森、贝娅特丽克丝·科尔东·德扬、艾辛加天文馆的安德里·瓦尔霍文、海登天文馆的马伊·赖特迈尔、格特鲁特·席勒、娜代日达·戈博瓦、利马天文馆的哈维尔·拉米雷斯、圣何塞天文馆的朱莉·斯科特、杰克·范德帕伦、彼得·哈里逊天文馆的汤姆·克斯、A. R. 雷什尼、哈里·纳达库马尔、托拉杰·达拉迪、伊恩·里奇、西蒙·康诺利、蒂姆·麦克法伦、尼斯湖制造天文馆数据库的马克·C. 彼得逊、维斯马乌尔里希－米特尔档案馆的马蒂亚斯·路德维希教授、雅典天文馆的迪奥尼西奥·西莫普洛斯、斯皮茨公司的克里斯·西尔、科瓦奇天文馆的弗兰克·科瓦奇、乔纳森·米德斯、默里·弗雷泽、马克·多里安、约翰·博尔德、安德鲁·佩卡姆、杜赞·德切尔米奇、约翰·哈钦森、朱利安·克吕格尔、安特耶·巴克霍尔兹和安德鲁·希格特。

格外感谢萨拜因·孔泽和米洛·法尔布雷斯·孔泽。部分内容的初版曾分别以《消失的星球》和《红星剧院》为题发表在 *AA File* 杂志66期与 *Cabinet* 杂志57期上。

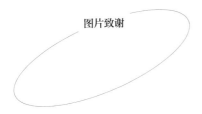

图片致谢

作者及出版方对以下来源表示感谢，感谢他们提供图片资料并授权使用。作者及出版方已尽全力联系著作权人，如有遗漏或来源信息有误，请联系出版方，重印版本将及时调整更新。

Bibliothèque Nationale de France; Antje Buchholz; Buenos Aires Planetarium; Cardcow; Deutsches Museum, Munich; Eise Eisinga Planetarium; Fonds Bonnier. siaf/ Cité de l'architecture et du patrimoine/ Archives d'architecture du xxe siècle, Paris; Andrew Higgott; iStockphoto (Vold77); itar/tass Photo Agency/ Alamy Stock Photo; James Kirk; Frank Kovac; Kunstkamera, St Petersburg; Library of Congress Prints and Photographs Division, Washington, dc (wpa Federal Art Project, 1939); London Planetarium Archive/ Madame Tussauds; Joe Mamer Photography/ Alamy Stock Photo; Moholy-Nagy Foundation; Jack van der Palen; Planetario di Lima; Ian Ritchie Architects; Rosicrucian Planetarium, San Jose; Royal Museums Greenwich; Spitzinc; Sri Sathya Sai Space Theatre; Temple of the Vedic

Planetarium; To Scale; Frank Lloyd Wright Foundation; Zeiss-Archiv.

Alfred Gracombe has published the image on p. 188 online, Anufdo has published the image online, Avjoska has published the image online under conditions imposed by a Creative Commons Attribution-Share Alike 3.0 Unported license; Luis Argerich has published the image on online under conditions imposed by a Creative Commons Attribution 2.0 Generic license; Nagoya Taro (名古屋太郎) has published the image online under the Creative Commons Attribution-Share Alike 3.0 Unported, 2.5 Generic, 2.0 Generic and 1.0 Generic license. Readers are free to share -to copy, distribute and transmit these works - or to remix - to adapt these works under the following conditions: they must attribute the work(s) in the manner specified by the author or licensor (but not in any way that suggests that they endorse you or your use of the work(s)) and if they alter, transform, or build upon the work(s), they may distribute the resulting work(s) only under the same or similar licenses to those listed above).

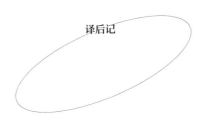

译后记

　　作为一个天文专业的建筑爱好者，能够翻译如此独特的一部作品实乃荣幸。我一直认为，建筑是最为贴近生活的艺术形式，好的建筑不仅是一个城市历史的缩影，更能折射出当地居民的生活方式乃至一个文化的核心价值。博物馆作为城市规划的重要一环，不但建筑本身会成为城市地标，其内容所带来的教育意义更是长远而难以估量的。

　　天文馆是一类相当特别的博物馆，它展示的既不是人类历史上的成就，也不是地球自然界中的存在——天文馆里的内容涉及整个宇宙时间和空间上的尺度，在这一点上，没有任何其他博物馆可以与之相提并论。因此我们也不难理解为什么世界各地的城市纷纷在天文馆建筑上追求创新。这本书的作者作为一名建筑师，以与众不同的角度介绍了天文馆发展的历史，并探讨了天文馆的形式与其试图传达的理念之间的联系。可以说，任何抽象的世界观都需要借助实体化的表现以令更多人理解，而天文馆对天文学概念的展示绝不只是停留在展厅和剧场内。以北京天文馆为例，它的老馆是一个带圆顶的传统天文馆建筑，门厅内设有展示地球自转的傅科摆，挂着表现太阳日冕的画作，以前的节目也主要是有关太阳系的内容。21世纪初建成的天文馆新馆正面是一个巨大的玻璃幕墙，对着老馆圆顶的位置微微凹陷，设计理念源自相对论中被大质量天体扭曲的背景时空。新馆入口处的通道直达建筑背面，灵感来自虫洞，而纵向贯穿建筑的几个筒状结构则象征着弦论中的世界面。相应的，如今新馆的展厅和剧场中也出现了越来越多宇宙学中的前沿内容。

　　我第一次走进北京天文馆的时候还是个小孩子，现在已经拿到了天体物理学的学位。即便如此，每次参观天文馆时，我还是能学到很多新东西，再一次感受宇宙的奇妙（今天去了阿德勒天文馆，可惜阿特伍德球的区域在维修）。我觉得每个人一生中都应该有类似的经历，也许不需要选择科学研究作为事业，但至少应该亲身体验一次天文馆穹顶内的人造星空和在这有限的空间中上演的无限的宇宙。相信当灯光亮起时，你会得到一个思考世界的全新角度。

朱桔

2019年9月于芝加哥